Die Hunde-IQ-Methode

Das Trainingsprogramm

ALEXANDRA TAETZ
FOTOS: CHRISTINE STEIMER

blv

Inhalt

Der intelligente Hund

Die Frage, wie schlau der eigene Hund ist, stellen sich zahlreiche Hundehalter. Doch die Intelligenz des Hundes zu definieren ist gar nicht so einfach. Hund ist eben nicht gleich Hund – egal, ob sie der gleichen Rasse angehören oder nicht.

Was ich Ihnen sagen möchte

Hunde-IQ bietet Ihnen die Möglichkeit, die natürliche Intelligenz eines Hundes zu erkennen und zu fördern. Jeder Hund hat andere Anlagen und Vorlieben. Das Prinzip des Hunde-IQ-Trainings basiert darauf, dass Sie Ihrem Hund die Möglichkeit geben, Lösungsschritte selbst herauszufinden. Der Hund bietet Ihnen ein Verhalten an und wird dafür bestätigt, nun soll er selbstständig durch aktive Mitarbeit zum Ziel kommen, indem er weitere Schritte ausprobiert – diese werden dann jeweils bestätigt. Es wird dem Hund nicht durch das Locken mit einem Leckerchen gezeigt, was er tun soll, er erlernt es durch eigenständiges Handeln.

Ein Beispiel ist das Aufziehen einer Schublade mithilfe eines Seils. Ist das Interesse des Hundes an der Schublade geweckt und er schaut dorthin, wird er bestätigt. Mit der Zeit nähert sich der Hund der Schublade und berührt das Seil mit dem Mund, um daran zu ziehen und die Schublade zu öffnen. Jeder dieser Schritte wird vom Hund allein erarbeitet und vom Menschen mit einer Belohnung bestätigt.

Erleben Sie die Faszination, wenn Ihr Hund aufmerksam ist und aktiv mitdenkt. Mit den vorgestellten Hunde-IQ-Übungen fördern Sie das Mitdenken des Hundes, festigen die Beziehung zu Ihrem Hund und bringen Abwechslung in den Hundealltag.

Ich wünsche Ihnen und Ihrem Hund viel Freude beim Training und ein harmonisches Zusammenleben.

Alexandra Taetz

Alexandra Taetz und ihr Hunderudel

Wie schlau sind Hunde?

Um herauszufinden, wie schlau unsere Hunde sind, wäre es sicher interessant zu wissen, wie und was sie denken. Leider können wir nicht immer genau nachvollziehen, was in dem Kopf unseres Hundes vorgeht, aber sicher ist, Hunde sind sehr intelligent und dazu imstande, sich Erlebnisse aus der Vergangenheit zu merken, Handlungen miteinander zu verknüpfen, durch Beobachten zu lernen, und sie sind sogar in der Lage, ihr Gegenüber zu manipulieren. Beim Hunde-IQ-Training geht es darum, die natürliche Intelligenz des Hundes zu erkennen und zu fördern. Mit den verschiedenen Hunde-IQ-Tests im zweiten Kapitel können Sie herausfinden, in welchen Bereichen Ihr Hund besonders begabt ist.

Kann ich den IQ meines Hundes erhöhen?

Die Intelligenz des Hundes wird häufig weit unterschätzt. Ein Reporter erklärte mir bei einem Interview, dass er einmal einen Dackel hatte, der seines Erachtens so stur und so dumm war, dass er ihm nichts beibringen konnte. Ähnliche Aussagen höre ich des Öfteren. Selten wird es wirklich so sein, dass der Hund zu stur ist, um mitzuarbeiten und etwas zu lernen. Meistens liegt es daran, dass der Trainingsansatz für den Hund nicht verständlich ist und er einfach nicht versteht, was von ihm erwartet wird. Im Weiteren ist es auch so, dass wir unseren Hund scheinbar verdummen lassen. Wenn die Aufgabe darin besteht, dass der Hund einen Deckel öffnen soll, um an ein Leckerchen zu kommen, und der Mensch zu viel hilft, dann kann es passieren, dass der Hund aufgrund der Ungeduld des Menschen seine Aktivität einstellt und einfach abwartet, bis ihm wieder geholfen wird.

Hunde können sehr gut Handlungen miteinander verknüpfen und lernen somit sehr schnell, was sie tun müssen, um einen bestimmten Effekt zu erzielen. Denken Sie nur einmal an das Betteln am Esstisch. Wenn Sie dem süßen Blick Ihres Vierbeiners einmal nicht widerstehen konnten und er etwas vom Tisch bekommen hat, reicht dies aus, damit der Hund auch bei der nächsten Mahlzeit neben Ihnen sitzt, seinen Bettelblick aufsetzt und wartet, bis er Sie wieder um den Finger gewickelt hat.

Viele Verhaltensweisen, die der Hund zeigt, bringen wir ihm unbewusst bei. Bekommt der Hund dann Aufmerksamkeit, wenn er aufgeregt bellt oder anderweitig versucht, sich in den Mittelpunkt zu drängen, wurde sein Verhalten bestätigt, und somit lernt der Hund, dass er damit zu seinem Ziel kommt. Neben der Fütterung kann es auch sein, dass der Hund seinen Spaziergang einfordert, indem er die Leine bringt oder sich auf Ihre Schuhe legt. Hunde lernen sehr schnell, wie sie uns erziehen können, ohne dass wir es merken. Sofern der Mensch eine strikte Trennung von Arbeits- und Spaziergehkleidung hat, merkt sich der Hund sehr gut, dass er liegen bleiben kann, wenn sein Besitzer Arbeitskleidung trägt. Sobald die Waldschuhe hervorgezogen werden, flitzt der Hund in freudiger Erwartung zur Tür.

Beim Hunde-IQ-Training können Sie die Intelligenz Ihres Hundes erhöhen. Zunächst gilt es herauszufinden, was Ihr Hund schon kann. Anschließend können Sie damit beginnen, Ihrem Hund das Lernprinzip näherzubringen. Dieses basiert darauf, dass Ihr Hund lernt, sein Köpfchen einzusetzen und aktiv mitzudenken. Besonders wichtig ist, dass Sie Ihrem Hund Zeit geben, um auf die Lösung zu kommen. Wenn Sie ihm zu viel helfen oder sogar mit

Futter locken, dann kann es passieren, dass er sich eher dumm anstellt, weil er so lernt, dass er nichts tun braucht, als zu warten, bis Sie ihm zeigen, was er tun muss.

Wenn Sie geduldig sind und abwarten, bis Ihr Hund etwas ausprobiert, um eine Belohnung zu erhalten, wird er bald lernen, seine natürliche Intelligenz einzusetzen, um an sein Ziel zu kommen. Der Hund wird durch das Hunde-IQ-Training auch aufmerksamer, denn nur, wenn er gut aufpasst und mitdenkt, kann er herausfinden, wie die Aufgabe zu schaffen ist.

Bei den Hunde-IQ-Trainingsstunden habe ich schon erlebt, dass ein Tibet Terrier keinerlei Interesse an den Hunde-IQ-Tests gezeigt hat und nicht einmal zu einem Leckerchen gelaufen ist, das vor ihm über den Boden gerollt wurde. Der Tibet Terrier begann 4 Wochen nach dem Trainingsstart aktiv mitzudenken, und inzwischen bringt er sogar schon ein Portemonnaie und kann viele Tricks wie Winken und Rolle.

Das gemeinsame Hunde-IQ-Training fördert auch das harmonische Miteinander zwischen Mensch und Hund.

Sind alle Hunde gleich schlau?

Die selektive Zucht brachte zahlreiche unterschiedliche Hunderassen hervor, die sich auch heute noch in Aussehen und Verhalten stark unterscheiden. Zunächst züchteten die Menschen Arbeitshunde, die für bestimmte Aufgaben gebraucht wurden. So entstanden z. B. Herdenschutzhunde, die die Viehherde vor Angriffen durch Wildtiere beschützen sollten. Mit der Zeit wurden sie zunehmend darauf spezialisiert, mit dem Menschen zusammenzuarbeiten, sodass der Schäfer bei seiner täglichen Arbeit mit der Herde einen Hütehund hatte, mit dem er die Herde gemeinsam über die Weiden treiben konnte.

Im Laufe des letzten Jahrhunderts veränderte sich die Mensch-Hund-Beziehung jedoch enorm. Es gibt zwar nach wie vor ausgebildete Arbeitshunde, die inzwischen wertvolle Arbeit als Drogensuchhunde, Blindenführhunde oder auch beim Aufspüren von vermissten Menschen leisten. Doch Hunde hielten zunehmend Einzug in die Gesellschaft: Sie werden nicht nur als Gebrauchshund angeschafft, sondern auch als Sozialpartner, Kinderersatz, Statussymbol oder Modeobjekt.

Dieser Trend, Hunde als Begleithunde oder Familienhunde zu halten, verursachte einerseits eine stark zunehmende Rassenvielfalt. Andererseits bleibt es vielen hoch spezialisierten Rassen dadurch verwehrt, ihre natürliche Intelligenz auszuleben. Denn leider wird zunehmend bei der Auswahl des passenden Hundes mehr auf Aussehen und persönliche Vorlieben geachtet als auf die Charaktereigenschaften. Viele Hunde dürfen ihren Instinkten nicht mehr nachgehen und müssen sich der modernisierten Welt des Menschen anpassen. Dies führt oft zu Schwierigkeiten, besonders dann, wenn die artgerechte Auslastung fehlt. Verhaltensauffälligkeiten bei unseren Haushunden sind somit gang und gäbe geworden.

Herdenschutzhunde z. B. wurden zum Schützen von Schafherden gezüchtet, sind robust und für das tägliche Leben in der Natur bestens gerüstet. Diese Rasseeigenschaften können sich zum Nachteil verkehren, wenn die Hunde nur in einer Wohnung mit wenig Auslauf gehalten werden. Dann kann es durchaus passieren, dass sie keinen Besucher mehr hereinlassen.

Durch die selektive Zucht auf bestimmte Verhaltensmerkmale ist es nicht möglich, die Hunderassen auf einer aussagekräftigen IQ-Rangliste einzuordnen. Trotzdem ist die Aussage legitim, dass manche Hunde schlauer sind als andere. Die Intelligenz eines Hundes setzt sich aus der angeborenen Intelligenz, der erlernten Intelligenz und der Arbeitsintelligenz zusammen. Die angeborene Intelligenz resultiert aus den Genen, die durch das Erbgut der Elterntiere weitergegeben wurde. Die erlernte Intelligenz ist der Verhaltensbereich, den sich der Hund im Laufe seiner Entwicklung durch Erfahrungen und bewusstes Lernen angeeignet hat. Die Arbeitsintelligenz setzt sich aus der angeborenen und erlernten Intelligenz zusammen und basiert damit auch auf den rassespezifischen Eigenschaften, die schon bei der Zucht hervorgehoben wurden, wie das Hüte-, Jagd- oder Schutzverhalten.

Mit Training können wir die Intelligenz des Hundes fördern und ihm z. B. beibringen, dass es sich lohnt, eine von uns angezeigte Spur zu verfolgen. Der Schäfer kann seinem Hütehund zwar beibringen, auf Kommandos zu gehorchen, und dessen angeborenen Hüteinstinkt so einsetzen, dass sie zusammen als Team mit den Schafen arbeiten können. Aber das Hüteverhalten an sich kann dem Hund nicht gelehrt werden. Deshalb wird kein Schäfer – Ausnahmen kann es natürlich geben – einen Dackel nehmen, um seine Schafe über die Weiden zu treiben. Der Dackel kann zwar von Natur aus gut Spuren verfolgen, wenn es aber darum geht, Schafe zu hüten, wird er kläglich versagen, weil ihm kein Hüteverhalten angeboren ist.

Beim Hunde-IQ-Training geht es darum, die erlernte Intelligenz des Hundes zu fördern. Denn jeder Hund ist in der Lage, etwas dazuzulernen, wenn auch die Lerngeschwindigkeit von Hund zu Hund sehr stark variieren kann. Hunde, deren Arbeitsintelligenz vom Menschen gefördert wurde, lernen generell schneller, auf Signale des Menschen zu achten und diese mit einem Verhalten zu verknüpfen, als solche, die eher eigenständig handeln und nicht vom Menschen trainiert wurden.

Wozu ist das Hunde-IQ-Training gut?

Abgesehen davon, dass Sie mit dem Hunde-IQ-Training die Intelligenz Ihres Hundes fördern, bringt dieses Training viele weitere Vorzüge mit sich. Mit den verschiedenen Hunde-IQ-Tests (nächstes Kapitel) haben Sie die Möglichkeit, zunächst herauszufinden, welche Begabungen Ihr Hund mitbringt und welche Übungen er gerne macht. Weiterhin können Sie Ihren Hund mit den Aufgaben aus den verschiedenen Bereichen abwechslungsreich beschäftigen.

Wenn Ihr Hund verstanden hat, wie das Prinzip funktioniert, wird er aufmerksamer und gleichzeitig damit beginnen, Verhalten anzubieten. Bei unsicheren Hunden können Sie schon mit leichten Übungen das Selbstbewusstsein stärken, weil sie Sicherheit bekommen, wenn sie erfahren, dass sie in der Lage sind, selbstständig die Lösung herauszufinden. Bei aufgeregten Hunden, die dazu neigen schnell zu überdrehen, haben Sie beim Hunde-IQ-Training die Möglichkeit, ihnen beizubringen, konzentriert mitzuarbeiten. Dadurch wird der Hund geistig ausgelastet und lernt, mit ruhigem Verhalten zum Erfolg zu kommen. Mit dem Hunde-IQ-Training fördern Sie die Bindung zu Ihrem Hund, weiterhin wird die Kommunikation zwischen Ihnen bewusster und deutlicher.

Artgerechte Auslastung je nach Rasse

Die folgende Beschreibung einiger beliebter Hunderassen dient als erste Orientierung für Ihr Hundetraining. Sie beschreibt, welche Veranlagungen und Interessen eine Rasse verstärkt mitbringt und welche Trainingsübungen sich besonders eignen. Trotzdem darf man beim Lesen nicht vergessen, dass es innerhalb einer Rasse unterschiedliche Persönlichkeiten gibt. Jeder Hund hat seinen eigenen Charakter, spezielle Stärken und Schwächen und unterschiedliche Begabungen für den Umgang mit Signalen und Objekten.

Der eine Hund kann sich Wörter schnell merken und mit einer Handlung verknüpfen, einem anderen fällt es leichter, Futter zu suchen, öffnet geschickt jede Kiste oder trägt gerne Gegenstände. Ein nächster denkt konzentriert nach und löst jede Knobelaufgabe, ein weiterer versucht die Aufgabe mit stürmischem Verhalten zu lösen.

Der Border Collie gehört zu den intelligentesten Rassen, wenn es darum geht, mit dem Menschen zusammenzuarbeiten.

Labrador ist zum Beispiel nicht gleich Labrador und vielleicht schon gar keiner, wie er im Buche steht. So kann es passieren, dass genau Ihr Hund nicht gerne apportiert, obwohl er doch zu den apportierfreudigen Rassen gehört. Umgekehrt ist es nicht selten, dass auch ein Rhodesian Ridgeback gerne apportiert, obwohl ihm nachgesagt wird, dass dies nicht zu seinen Interessen gehöre. Schauen Sie also genau hin, was Ihrem Hund wirklich Freude macht. So werden Sie schnell herausfinden, was Ihrem Hund liegt und wie Sie ihn ausreichend beschäftigen.

Hütehund und Treibhunde

Der Australian Sheperd, der Australian Cattle Dog, der Australian Kelpie, die verschiedenen Collies, wie der Border Collie, die Schäferhunde und der Rottweiler sind nur einige Rassen, die zu den Hüte- und Treibhunden gehören. Sie sind auf die Arbeit mit dem Menschen spezialisiert, haben generell eine gute Auffassungsgabe, denken mit und sind sehr vielseitig. Die Hunde reagieren häufig äußerst sensibel auf ihre Umwelt und brauchen mehr als andere Rassen neben ausreichend Bewegung auch viel Kopfarbeit, um artgerecht ausgelastet zu sein.

Beim Hunde-IQ-Training sind sie meist ganz vorne mit dabei und erweisen sich als sehr schlau und aufmerksam, wenn es darum geht, Lösungsansätze zu zeigen, auf kleinste Signale zu achten oder verschiedenste Kommandos zu erlernen.

Apportier-, Stöber- und Wasserhunde

Zu den Apportierhunden gehören unter anderem die bekannten Rassen wie der Labrador Retriever, der Golden Retriever und der Flat-Coated Retriever.

Sie sind auf das Apportieren von Flug- und Niederwild, z. B. Enten und Hasen, spezialisiert. Generell sind sie leichtführige, motivierte und angenehme Begleiter. Die Retriever werden zunehmend als Familien- und Begleithund gehalten, weil sie auch sehr anpassungsfähig sind und gerne mit dem Menschen zusammenarbeiten. Obwohl diese Hunde schon zu den Modehunden gezählt werden, tragen sie ihre ursprünglichen Instinkte noch in sich und brauchen eine artgerechte Beschäftigung.

Beim Hunde-IQ-Training zeigen sie sich als Assistent im Alltag besonders talentiert, da es ihnen große Freude macht, Gegenstände zu suchen und zu tragen. Auch in anderen Bereichen wie dem Erlernen von kleinen Kunststückchen sind die Retriever oft sehr begabt.

Zu den Stöberhunden gehören die verschiedenen Spanielrassen, wie der English Springer Spaniel, von dem alle weiteren Jagdspaniels abstammen. Ein bekannter Vertreter der Wasserhunde ist der Irish Water Spaniel. Obgleich diese Rassen etwas eigenständiger sind als die Retriever, sind sie zunehmend als Begleithund vertreten. Sie sind generell anpassungsfähig, brauchen jedoch besonders auf den Spaziergängen Beschäftigung, weil sie sonst schnell auf eigene Ideen kommen, wie Vögel jagen oder Wildspuren aufstöbern. Die Nasenleistung ist bei den Stöberhunden besonders gut ausgeprägt.

Die Spaniels lernen meist gern neue Sachen und sind deshalb beim Hunde-IQ-Training begeistert bei der Sache, wenn es darum geht, Schlüssel zu suchen und eigenständig zu arbeiten.

Terrier und Dackel

Zu den Terriern gehören unter anderem Rassen wie der Parson Jack Russel Terrier, der Border Terrier, der West Highland White Terrier oder auch der Yorkshire Terrier. Terrier und Dackel wurden gezüchtet, um den Fuchs im Bau aufzustöbern und zu bekämpfen. Daher sind sie sehr arbeitswillig und mutig. Diese intelligenten Hunde sind allerdings oft auch selbstständig und etwas stur. Als Besitzer braucht es viel Geduld und Konsequenz beim Hunde-IQ-Training. Wenn das Interesse am gemeinsamen Training erst einmal geweckt ist, können diese pfiffigen Hunde durchaus auch sehr lernfähig sein.
Im Bereich der Nasenarbeit zeigen sie eine besondere Begabung – jedoch müssen sie erst verstehen, dass wir den Schlüssel wiederfinden möchten und nicht den Hasen, der vielleicht kurz zuvor dort entlanggelaufen ist.

Die Eigenständigkeit der Terrier können Sie sich beim Hunde-IQ zunutze machen, wenn es für den Hund darum geht, selbstständig Lösungen zu finden.

Vorstehhunde, Lauf- und Schweißhunde

Die Vorsteh-, Lauf- und Schweißhunde weisen eine hohe Arbeitsintelligenz auf und sind insbesondere dafür gezüchtet worden, dem Jäger bei der Arbeit zur Seite zu stehen. Die Vorstehhunde sind darauf spezialisiert, auf der Jagd das Wild aufzustöbern und dann durch bewegungsloses Stehenbleiben anzuzeigen. Die Schweißhunde werden nicht nur bei der Suche nach dem angeschossenen Wildtier, sondern auch bei der Suche nach vermissten Menschen inzwischen häufig eingesetzt, wo sie durch ihre gute Nasenleistung eine wertvolle Arbeit leisten.

In der Hand eines normalen Hundehalters sind diese Hunde häufig unterfordert. Auch eine alternative Beschäftigung wird dem großen Arbeitseifer dieser Hunde meist nicht gerecht.

Das Hunde-IQ-Training ist eine gute Möglichkeit, um dem eigenen Hund etwas Abwechslung zu bieten, Trainingsgrundlagen zu schaffen und die Kommunikation miteinander zu fördern. Jedoch wird es nicht ausreichen, ihn gelegentlich sein Spielzeug suchen zu lassen. Er braucht eine regelmäßige Auslastung in den Bereichen, für die er gezüchtet wurde.

Spitze und Hunde vom Urtyp

Die Spitze gehören zu den ältesten Haushunden. Sie wurden in den nordischen Ländern ursprünglich als Jagd-, Schlitten- oder auch als Hütehunde eingesetzt. Der deutsche Spitz hat nichts mehr mit den nordischen Spitzen gemeinsam und gehört in Deutschland zu den Begleithunden. Der deutsche Spitz ist generell ein anpassungsfähiger und genügsamer Familienhund. Beim Hunde-IQ-Training zeigt sich sehr oft seine Intelligenz, v. a. beim Tricktraining.

Die Hunde vom Urtyp, wie der Basenji, sind sehr selbstständige Hunde und eher nicht für das Leben in der heutigen Gesellschaft geeignet. Ihre erlernte Intelligenz in Bezug auf die Zusammenarbeit mit dem Menschen ist daher sehr gering.

Der Podenco ist auch ein Hund vom Urtyp, der vorwiegend für die jagdliche Arbeit gezüchtet wurde. Trotzdem ist er immer öfter in der Stadt und in Familien anzutreffen. Bei Rassen wie dem Podenco oder Basenji ist der Jagdinstinkt so stark ausgeprägt, dass es viel Geduld und Aufwand braucht, um diese Hunde für die Zusammenarbeit mit dem Menschen zu begeistern. Beim Hunde-IQ-Training gilt es daher leichte Übungen auszuwählen, wie das Anstupsen der Hand oder das Aufstöbern eines versteckten Leckerchens, um die sehr eigenständigen Hunde für die Zusammenarbeit zu motivieren.

Pinscher, Schnauzer, Molossoide und Schweizer Sennenhunde

Die Pinscher wurden gezüchtet, um die Höfe von Ratten und Mäusen frei zu halten. Im Laufe der Zeit wurden einige Rassen wie der Prager Rattler zu Gesellschaftshunden. Heute sind sie beim Hunde-IQ-Training mit Freude dabei, wenn es darum geht, Tricks zu erlernen. Es gibt auch richtige Intelligenzbestien unter den Pinschern, die den größeren Rassen auch beim Assistieren im Haushalt in nichts nachstehen.

Die Schnauzer sind größer als die Pinscher und wahrlich keine einfachen Hunde. Mit einem erfahrenen Halter können sie jedoch zum sportlichen Begleiter werden und bei der Kopfarbeit großen Arbeitseifer entwickeln. Die Molossoide hingegen sind kräftig und etwas schwerfälliger, weil sie zum Schutz von Haus und Hof gezüchtet wurden. Sie gehören nur in erfahrene Hände. Die Schweizer Sennenhunde wie der Appenzeller Sennenhund wurden ebenfalls zum Bewachen von Haus und Hof eingesetzt, jedoch sind sie vielseitiger und aktiver als Molossoide, weil sie nicht nur als Wachhund, sondern auch als Viehtreiber Verwendung fanden. Sie wandeln sich immer mehr zum Gesellschaftshund und sind bei dem Erlernen neuer Aufgaben interessiert und freudig dabei. Auch beim Hunde-IQ-Training zeigen sich viele Sennenhunde als Allroundtalente.

Windhunde

Windhunde, wie der Afghanische Windhund oder der Greyhound, sind Sichtjäger und wurden vor allem dafür gezüchtet, Wildtiere wie Kaninchen zu hetzen. Ihr Körperbau ist besonders athletisch und ermöglicht ihnen das Erreichen hoher Laufgeschwindigkeiten. Windhunde sind im Haus ruhige Zeitgenossen, in der Natur muss ihr hoher Bewegungstrieb allerdings ausgelastet werden. Es gibt sicher den ein oder anderen Windhund, der auch gerne bei der Kopfarbeit mitmacht – aber generell gehört das Erlernen verschiedener Signale oder das Apportieren nicht zu ihren Vorlieben.

Als Ausnahme zeigt sich der Whippet, dieser entstand aus kleinen Grayhounds, die mit Terriern gepaart wurden. Diese mittelgroßen, sportlichen Hunde sind beim Hunde-IQ-Training mit Freude bei den verschiedensten Übungen dabei, jedoch braucht es anfangs häufig etwas mehr Geduld als z. B. bei den Hüte- und Treibhunden, bis der Einstieg geschafft ist und der Hund verstanden hat, aktiv mitzudenken und Lösungen anzubieten.

Gesellschafts- und Begleithunde

Zu den Begleithunden gehören Rassen, die besonders anpassungsfähig sind und vor allem dafür gezüchtet wurden, den Menschen ohne spezielle Aufgabe ein Gefährte zu sein. Viele kleinere Rassen, wie der Papillon oder die Bichons, zählen zu diesen fröhlichen Begleithunden. Sogar größere Hunde wie der Pudel gehören dazu. Ganz gleich, ob klein oder groß, alle Hunde brauchen Beschäftigung und freuen sich über Bewegung und Kopfarbeit.

Zahlreiche Gesellschafts- und Begleithunde – sowie die vielen Mischlinge – zeigen großes Interesse an dem Hunde-IQ-Training. Es ist immer wieder erstaunlich zu sehen, wie schlau unsere Haushunde sind.

Für das Bewältigen neuer Aufgaben braucht es Vertrauen und eine gute Basis.

Lernverhalten von Hunden – von jung bis alt

Es lohnt sich, schon im Welpenalter mit dem Hund verschiedene Übungen spielerisch aufzubauen; so wird Ihr Hund kreativ und selbstbewusst.

Beim Hunde-IQ-Training gibt es generell keine Altersbegrenzung. Die Übungen können dem Alter des Hundes angepasst werden. Wichtig ist, dass Sie bei Welpen und älteren Hunden darauf achten, dass der Körper nicht so belastbar ist wie bei einem gesunden erwachsenen Hund. Es gibt zahlreiche Hunde-IQ-Übungen, bei denen die Kopfarbeit gefordert wird. So können auch Hunde gut beschäftigt werden, die in ihrer Bewegung etwas eingeschränkt sind.

Lernverhalten bei Welpen

Das Lernverhalten verändert sich im Laufe eines Hundelebens. Der neugeborene Welpe befindet sich in den ersten Wochen in der Prägephase. Die verbringt er mit seinen Geschwistern und seiner Mutter. In dieser sensiblen Phase findet die Prägung statt – eine besonders intensive Form des Lernens. Dabei lernt er die grundlegenden Verhaltensweisen, die er zum Überleben

braucht. Auch die ersten Züge des Charakters prägen sich langsam aus. Die Entwicklung schreitet in den ersten Wochen sehr schnell voran und schon früh zeigt sich, ob ein Welpe eher mutig und draufgängerisch ist oder eher schüchtern und zurückhaltend.

Während dieser Phase kommt auch die Gehirnreifung des Welpen zum Abschluss und die Grundlagen für die erlernte Intelligenz werden gelegt. Intensive Erfahrungen, die in dieser Zeit gemacht werden, beeinflussen den Charakter des Hundes. Werden sie vom Hund nicht gemacht, können sie später auch nicht mehr nachgeholt werden. Wenn die Umwelt abwechslungsreich ist und der Welpe mit verschiedenen Eindrücken und Situationen konfrontiert wird, wird er schlauer als der Hund, der reizarm aufwächst.

Ein guter, verantwortungsvoller Züchter hat den Welpen bereits auf den Menschen und verschiedene Umweltreize geprägt. Wenn Sie den Welpen von Ihrem Züchter übernehmen, ist er bereits in der Sozialisierungsphase, die etwa bis zur 18. Lebenswoche dauert. Sobald Sie den Welpen übernehmen, ist es Ihre Aufgabe, die Sozialisierungsphase optimal auszufüllen. In dieser Zeit sollte der Welpe mit allen Situationen vertraut gemacht werden, die ihm in seinem späteren Leben begegnen werden. Hierzu gehört auch das systematische Lernen. Der Welpe ist generell noch unbefangen und probiert vieles aus. So kann es sein, dass ein Welpe sehr schnell versteht, an einer Schnur zu ziehen oder einen Gegenstand zu apportieren, wohingegen ein älterer Hund Mühe hat, neues Verhalten auszuprobieren.

Mein Golden Retriever Frenzy konnte schon im Alter von zwölf Wochen an einem Seil ziehen und somit die Schublade öffnen. Sie hat dies in vier kurzen Trainingseinheiten gelernt, weil sie neugierig war und von sich aus direkt das Seil in ihr Maul nahm. Ich habe Frenzy genau in dem Moment die Bestätigung gegeben. So lernte sie schnell, dass sie belohnt wird, wenn sie an dem Seil zieht. Bei meinem sechsjährigen Border Collie Spicy hat es mehrere Trainingseinheiten gebraucht, bevor sie überhaupt auf die Idee kam, das Seil in das Maul zu nehmen, anstelle es nur anzustupsen. Bei der Hündin ist es so, dass sie schon viele Tricks kennt und daher eher Sachen ausprobiert, mit denen sie zuvor zum Erfolg gekommen ist, wie z. B. Stupsen oder Pfote geben. So kann es sein, dass ein Welpe eine schwierige Aufgabe schneller lösen kann als ein gut trainierter älterer Hund.

Das Training sollte bei einem Welpen spielerisch gestaltet und kurz gehalten werden. Wenn er sich drei Minuten gut konzentriert hat, braucht er danach eine Pause, um das Erlernte zu verarbeiten. In den ersten gemein-

Junge Hunde sind neugierig und nehmen greifbare Gegenstände gerne ins Maul.

samen Wochen sollte der Bindungsaufbau zwischen Ihnen und Ihrem Hund an erster Stelle stehen. Denn die Bindung beeinflusst den Umgang miteinander und ist maßgeblich für eine harmonische Beziehung.

Lernverhalten bei Junghunden

Junghunde sind generell auch noch sehr aufnahmefähig und kreativ. Allerdings lassen sich die heranwachsenden Hunde in ihrer Flegelphase gerne ablenken. Hier gilt es, dass Training ebenfalls kurz zu gestalten. Mit abwechslungsreichen Aufgaben können Sie sich für ihren Junghund interessant machen, sodass er lernt, dass es Freude macht, mit Ihnen zu arbeiten. Wenn Ihr Hund gelernt hat, sich zu konzentrieren, können Sie die Übungseinheiten langsam etwas aufbauen. Bei einem Junghund ist es sinnvoll, ihm beim Hunde-IQ-Training unterschiedlichste Aufgaben beizubringen, sodass er zunächst ein großes Repertoire an verschiedenen Übungen hat. Später können Sie dann anfangen, die Übungen auszufeilen, bis Ihr Hund diese sicher beherrscht.

Lernverhalten bei erwachsenen Hunden

Auch die Intelligenz eines älteren Hundes kann noch gefördert werden. Wenn Ihr Hund das Prinzip des systematischen Lernens beim Hunde-IQ-Training kennt und Freude daran hat, steht dem Erlernen neuer Übungen nichts im Wege. Bei erwachsenen Hunden, die mit dem systematischen Lernen vom Hunde-IQ-Training noch nicht so vertraut sind, ist es sinnvoller, langsamer vorzugehen. Sie haben meist schon ein gefestigtes Verhaltensrepertoire und es fällt ihnen anfangs etwas schwer, neue Verhaltensweisen anzunehmen.

Wenn Ihr Hund die erste Aufgabe wie z. B. das Anstupsen der Hand gut gemeistert hat und das System augenscheinlich versteht, können Sie die Anzahl der Übungen langsam erhöhen. Je nach Rasse ist die Geschwindigkeit des Lernens sehr unterschiedlich. Erwarten Sie von einem erwachsenen Hund nicht, dass er sich länger konzentrieren kann als ein Welpe. Wenn sich Ihr Hund schnell ablenken lässt, gilt es das Konzentrationsvermögen Schritt für Schritt aufzubauen. Beherrscht er eine Übung, ist es wichtig, mit einer neuen Aufgabe zu beginnen oder das Erlernte weiter auszubauen. Würden Sie von Ihrem Hund immer nur die gleiche Übung verlangen, könnte es sein, dass ihm bald langweilig wird.

Mit Ihrem erwachsenen Hund stehen Ihnen beim Hunde-IQ für ein abwechslungsreiches Training alle Türen offen. Zuerst können Sie mit den IQ-Tests im nächsten Kapitel die Interessen und Begabungen Ihres Hundes herausfinden, um diese danach mit gezieltem Training zu fördern.

Lernverhalten bei Senioren

Wenn die Schnauze langsam grau wird, beginnt eine ganz besondere Zeit im Zusammenleben mit dem Hund. Wichtig ist, dass Sie auf Ihren Hund Rücksicht nehmen, wenn die Fitness langsam nachlässt. Besonders die Kopfarbeit bietet eine gute Möglichkeit, um den älteren Hund auszulasten. Die Nasenleistung bleibt bis ins hohe Alter erhalten. So kann Ihr Hund, selbst dann, wenn das Seh- und Hörvermögen langsam abnimmt, immer noch Hunde-IQ-Aufgaben bewältigen. Wichtig ist, dass Sie den Senior nicht überfordern und die Anforderungen an ihn langsam etwas zurückschrauben. Legen Sie öfter mal Pausen ein, um Ihren Hund verschnaufen zu lassen, bevor Sie mit der Übung fortschreiten.

Der Hunde-IQ-Test

Bevor Sie mit dem eigentlichen Hunde-IQ-Training beginnen, ist es sinnvoll zu testen, welche Begabungen Ihr Hund hat und wie seine Intelligenz in verschiedenen Bereichen ausgeprägt ist.

Welche Begabungen hat mein Hund?

Mit den folgenden aufgeführten Hunde-IQ-Tests können Sie herausfinden, wie gekonnt Ihr Hund seine Sinnesleistungen einsetzt und ob er lieber mit der Pfote oder der Nase arbeitet, um an sein Ziel zu kommen. Aufgrund der selektiven Zucht auf bestimmte Verhaltensmerkmale ist es ganz natürlich, dass z. B. ein Labrador Retriever eher Gegenstände ins Maul nimmt und ein Jagdhund vielmehr für die Nasenarbeit zu begeistern ist. Sicher können Sie mit diesen Aufgaben auch herausfinden, ob Ihr Hund zu den Allroundtalenten oder zu den Motivationsmuffeln gehört. Allerdings ist es nicht möglich, unterschiedliche Hunderassen direkt miteinander zu vergleichen oder auf einer Skala zu bewerten, wie schlau Ihr Hund ist.

Mithilfe der folgenden Tests können Sie passende Übungen für den Einstieg ins IQ-Training auswählen, die zu Beginn für Ihren Hund leicht zu bewältigen sein sollten. Wenn Ihr Hund z. B. die Pfote einsetzt, um einen Becher beiseitezuschieben oder um ein Leckerchen hervorzuholen, dann wird es ihm leichtfallen, Tricks wie Winken zu erlernen. Setzt er bei den gleichen Übungen vor allem sein Maul geschickt ein, dann wird er beim Schließen von Schubladen höchst wahrscheinlich auch sein Maul einsetzen. Umgekehrt ist es so, wenn er vermehrt die Pfote benutzt, dann wird es ihm schwerfallen, die Schublade mit der Nase anstelle der Pfote zu schließen. Für Welpen empfehle ich Ihnen, vor dem IQ-Test mit dem Training zu beginnen.

Steckt vielleicht auch in Ihrem Hund ein kleiner Einstein? Finden Sie es heraus, indem Sie zuerst seine Begabungen testen und danach seine Talente fördern.

Test der Sinnesleistungen

Bei den folgenden Tests ist es besonders wichtig, dass Sie sich in Geduld üben und Ihrem Hund die Möglichkeit geben, selbst herauszufinden, wie er die Aufgabe lösen kann.

Die Nase

Hunde haben einen sehr ausgeprägten Geruchssinn. Mit etwa 200 Millionen Riechzellen sind sie den Menschen, die nur an die 5 Millionen Riechzellen besitzen, weit überlegen. Im Vergleich können Sie sich das so vorstellen: Sie riechen an einem Teebeutel und atmen den Kamilleduft ein. Ein geübter Hund empfindet dies in der gleichen Intensität, wenn er nur ein kleines Körnchen von diesem Beutel auf einer Wiese findet.

Hunde mit einer langen spitzen Nase nehmen Gerüche generell besser auf als Hunde mit einem kurzen Nasenrücken. Zu den besten Suchhunden zählt der Bloodhound. Er kann Fußpuren verfolgen, die über 60 Stunden alt sind – sofern er dafür ausgebildet wurde. Hunde setzen ihre Nase nicht nur ein, um Spuren zu verfolgen, sondern kommunizieren auch über Gerüche. Wenn Artgenossen miteinander Kontakt aufnehmen, riechen sie häufig an den Drüsen in der Nähe der Schwanzwurzel, um Informationen aufzunehmen. So können wir vor unseren Hunden auch nicht verbergen, wenn wir ängstlich oder nervös sind.

Testen des Riechvermögens

Sie können das Riechvermögen Ihres Hundes z. B. mit einem Leckerchen-Suchspiel bestimmen. Je leichter er die folgenden Aufgaben bewältigt, desto besser ist seine Fähigkeit, Gerüche aufzuspüren. Zunächst machen Sie den Test im Haus auf dem Stein- oder Fliesenboden. Lassen Sie Ihren Hund dazu Sitz machen und werfen Sie ein Leckerchen nach vorne. Geben Sie anschließend das Signal, dass Ihr Hund das Leckerchen holen darf. Bei dieser einfachen Variante sollte Ihr Hund nicht lange suchen müssen, sondern direkt zum Leckerchen laufen. Wenn er diese Übung gut absolviert hat, können Sie mit der Übung auf einem Teppich oder draußen auf einer gemähten Wiese fortfahren. Zunächst setzen Sie Ihren Hund wieder ab und werfen erneut ein Leckerchen auf den Boden. Nun wird es schon etwas schwieriger, denn Ihr Hund kann das Leckerchen auf dem Untergrund nicht mehr sehen und muss seine Nase einsetzen, um fündig zu werden. Lassen Sie Ihrem Hund genügend Zeit, das Leckerchen ohne Ihre Hilfe zu finden.

Hunde haben ein erstaunlich gutes Riechvermögen. Aufgrund der verschiedensten Züchtungen kann dieses bei den einzelnen Hunderassen jedoch stark variieren.

Sofern Ihr Hund direkt die Witterung aufnimmt und das Leckerchen umgehend findet, ist es an der Zeit, ihn das Leckerchen unter Laub oder auf einer etwas höheren Wiese suchen zu lassen. Mit etwas Übung kann Ihr Hund lernen, effizient nach dem Leckerchen zu suchen. Das bedeutet, er läuft zielstrebig zu dem Ort, an dem er den stärksten Geruch wahrnimmt. Das Kreisen in der Nähe des Leckerchens wird langsam weniger. Wenn Ihr Hund Freude daran hat, die Leckerchen aufzustöbern, ist es auch möglich, diese zu verstecken, wenn er nicht zuschaut. Läuft der Hund gleich los, um das Leckerchen zu suchen, ist dies schon mal eine gute Grundvoraussetzung für die Arbeit und die spätere Belohnung mit dem Futter.

Es gibt Hunde, die das Leckerchen mit Leichtigkeit auf jedem Untergrund direkt finden. Wenn Ihr Hund noch etwas länger braucht, um das Futter zu finden, ist es wichtig, ihm Zeit zu geben, seine Suchleistung zu verbessern. Dies funktioniert am besten, wenn Sie die Schwierigkeit nur langsam steigern und vor allem Ihren Hund selbstständig suchen lassen. Halten Sie sich zurück, das Leckerchen zu zeigen, denn dann wird Ihr Hund beim nächsten Mal einfach warten, bis Sie ihm wieder helfen.

Erschwerter Riechtest

Die Nasenleistung des Hundes reicht sogar so weit, dass der Hund unter mehreren gleichen Gegenständen denjenigen heraussuchen kann, den Sie berührt haben. Voraussetzung für diesen Test ist, dass Ihr Hund gerne Gegenstände apportiert.

Sie können z. B. mehrere Pocketdummies für diese Übung verwenden. Wichtig ist, dass Sie nur ein Dummy für mehrere Minuten in Ihrer Hand halten. Um die anderen Gegenstände zu platzieren, könnten Sie z. B. einen Handschuh anziehen.

Viele Hunde nehmen spontan den Gegenstand ins Maul, dessen Geruch ihnen bekannt vorkommt. Dieser Riechtest empfiehlt sich dann, wenn Ihr Hund das Suchen und Apportieren schon kennt.

Das ausgewählte Objekt halten Sie für etwa 2 Minuten in der Hand. Anschließend zeigen Sie dies Ihrem Hund und lassen ihn das Objekt mehrmals apportieren. Danach legen Sie das nun bekannte Objekt zu den anderen. Schicken Sie Ihren Hund mit dem Kommando »Such!« los, um das Spielzeug zu finden, das nach Ihnen riecht. Dieser Test ist deutlich schwieriger als der erste Test. Wenn Ihr Hund ein beliebiges Objekt bringt, kann es sein, dass er die Aufgabe nicht verstanden hat. Es bedeutet also nicht, dass er eine schlechte Riechleistung hat.

Wenn Ihr Hund die leichteren Tests erfolgreich absolviert hat und Sie ihm nun beibringen möchten, Aufgaben mithilfe seiner Nasenleistung zu lösen, bietet es sich an, mit den ersten Übungen von Seite 118 f. zu beginnen. Sofern Ihr Hund schon bei diesem schwierigen Test sofort den richtigen Gegenstand bringt, können Sie ihm weiterhin beibringen, verschiedene Gerüche voneinander zu unterscheiden.

Das Auge

Hunde sehen ihre Umwelt etwas anders als Menschen, denn ihr Farbsehvermögen ist nicht so stark ausgebildet. Der Mensch hat drei sogenannte Rezeptoren im Auge für die Farben Rot, Grün und Blau, woraus das Gehirn den Gesamtfarbeindruck bilden kann. Der Hund hingegen hat nur zwei Rezeptoren für die Farben Grün und Blau. Somit kann er Farben, die in den Bereich Ultraviolett gehen, besser sehen als diejenigen, die in den Infrarotbereich gehen.

In der Dunkelheit haben Hunde ebenfalls ein besseres Sehvermögen als wir. Dies liegt daran, dass der Augenhintergrund beim Hund verspiegelt ist und daher das Licht ein weiteres Mal auf das Auge trifft. Generell ist es so, dass Hunde bewegte Objekte besser wahrnehmen als stillstehende. Vor allem Hunde mit einem schmalen Kopf und langen Schnauzen können solche Objekte schon aus großer Entfernung sehr gut sehen. Deshalb erkennen Jagdhunde ihre Beute auch schon, wenn die sich noch in der Ferne am Horizont befindet. Auch das Sichtfeld eines Hundes ist anders als beim Menschen: Bei einem Hund mit normaler Kopfform beträgt es etwa 240 Grad, das vom Menschen etwa 200 Grad.

Einfacher »Sehtest«

Das Sehvermögen Ihres Hundes können Sie leicht beim Spaziergang testen. Achten Sie zum Beispiel darauf, ob Ihr Hund auch unbewegliche Objekte am Horizont fokussiert oder ob er erst darauf reagiert, wenn sich etwas bewegt – zum Beispiel ein Storch auf dem Feld. Natürlich sollte Ihr Hund dabei so abgesichert sein, dass er auf keinen Fall zur Jagd aufbrechen kann. Bedenken Sie bei der Beurteilung bitte, dass das Verhalten

Die Farbe der Augen ist in den Genen fixiert. Sie ist eine Anpassung an die Umwelt, wobei helle Augen eher in den nördlichen und dunkle Augen in den südlichen Breitengeraden zu finden sind.

Ihres Hundes auch davon beeinflusst wird, ob er an seiner Umgebung sehr interessiert ist oder sich mehr auf Sie konzentriert.
Es ist auch möglich, dass der Hund den Geruch eines Tieres oder einer Person wahrnimmt und dadurch reagiert. Somit beobachten Sie hier nicht nur das Sehvermögen, sondern auch seine generelle Reaktion auf die Umwelt. Nimmt Ihr Hund jegliche Bewegungen in ferner Umgebung wahr, dann ist er sehr interessiert an ihr. Dies kann beim Training ein Nachteil sein, weil er sich gegebenenfalls leicht ablenken lässt. In diesem Fall achten Sie darauf, dass Sie neue Übungen in möglichst reizarmer Umgebung trainieren.

Wurfspiel als Sehtest

Eine weitere Möglichkeit, das Sehvermögen Ihres Hundes zu testen, ist das Wurfspiel. Hierzu setzen Sie Ihren Hund in etwa zwei Meter Entfernung vor sich ab. Nun werfen Sie ein Leckerchen im hohen Bogen auf ihn zu. Wenn Ihr Hund aufmerksam ist und die Flugbahn gut verfolgen kann, sollte er mit etwas Geschick das Leckerchen aus der Luft fangen können. Wenn er jedoch kein Interesse an dem geworfenen Fressen zeigt, könnte es sein, dass er es nicht wahrnimmt. Das kann zwei Gründe haben: erstens, weil er tatsächlich nicht gut sehen kann, oder zweitens, weil er durch äußere Einflüsse abgelenkt war.

Zahlreiche Hunde versuchen sofort nach dem Wurf, den kleinen Happen zu fangen. Manche sind dabei so geschickt, dass sie den Dreh sofort raushaben. Wenn das Ihrem Hund nicht gleich gelingt, hat er womöglich Mühe, das Leckerchen zu fokussieren und dies mit dem Fangen zu koordinieren. Aber keine Sorge: Mit etwas Training kann auch Ihr Hund lernen, das Leckerchen sicher zu fangen. Wiederholen Sie dafür die Übung regelmäßig, fördern Sie somit spielend die Geschicklichkeit Ihres Vierbeiners.

Das Leckerchenfangen ist ein beliebtes Spiel bei Hunden und kann zur Förderung der Geschicklichkeit genutzt werden.

Die Ohren

Die Ohren des Hundes sind sehr gut entwickelt, damit hören sie bestimmte Frequenzen besser als Menschen. Sie nehmen zum Beispiel auch hohe Töne aus dem Ultraschallbereich wahr, die dem menschlichen Gehör verborgen bleiben. Hunde können zudem ihre Ohrmuscheln bewegen und sind somit in der Lage, die Geräuschquellen besser zu orten. Der Einsatz des Klickers und der Pfeife beim Hundetraining ist sehr erfolgreich, weil der Hund diese Töne deutlicher wahrnimmt als unsere gesprochenen Worte. Generell können Hunde mit Stehohren Geräusche etwas besser orten als Hund mit Schlappohren.

Einfacher Test des Hörvermögens

Wie gut Ihr Hund hört, lässt sich schnell herausfinden: Sagen Sie seinen Namen, wenn er auf seinem Platz liegt oder herumläuft – allerdings nicht abgelenkt ist. Nun schauen Sie, ob er reagiert und zu Ihnen schaut. Reagiert er nicht, bedeutet das nicht sofort, dass er schlecht hört. Eine Reaktion kann auch ausbleiben, wenn er Ihren Worten noch keine Bedeutung zuordnet.

Testen Sie also weiter: Machen Sie ein Geräusch, das nicht allzu oft vorkommt, z.B. einen Pfiff oder ein anderes Geräusch wie »Brrrrt«. Hunde reagieren für gewöhnlich sofort auf solche außergewöhnlichen Laute, indem sie ihr Herrchen anschauen oder zu ihm kommen. Wenn Ihr Hund sofort fröhlich auf eines dieser Geräusche anspringt, wäre es von Vorteil, dieses auch in der Kommunikation mit dem Hund, z.B. beim Rückruf, einzusetzen.

Wenn Ihr Hund auf kein Geräusch mit einem veränderten Verhalten antwortet, könnte es sein, dass er tatsächlich nicht gut hört oder sich nicht für die Worte interessiert. Da hilft nur eines: Reißen Sie eine Leckerchentüte auf und knistern Sie damit! Jetzt sehen Sie ganz genau, ob er vielleicht doch gut hören kann, denn dieses Geräusch interessiert die meisten Hunde.

Warum ist es wichtig, das Hörvermögen des eigenen Hundes und seine Reaktionen auf bestimmte Geräusche zu kennen? Weil es sinnvoll ist, beim Verhaltenstraining ein markantes Wort oder Signal für die Bestätigung zu verwenden. Für das Letztere eignet sich der Klicker oder das Schnalzen mit der Zunge. Sagen Sie zuerst ein Wort, wie z.B. »gut« oder »okay«. Wenn Ihr Hund Sie daraufhin anschaut, scheint er sehr aufmerksam zu sein und auch auf Ihre Stimme gut zu reagieren. Wenn Ihr Hund jedoch keine Reaktion zeigt, eignet sich das Schnalzen mit der Zunge oder das Betätigen des Klickers als Bestätigung besser. Zeigt er darauf seine Aufmerksamkeit durch Schauen oder Herankommen, benutzen Sie das gleiche Signal für die Bestätigung beim Training.

Ob ein Hund gut hört und gut gehorcht, sind zwei unterschiedliche Fragen. Denn ein Hund kann sehr gut unterscheiden, wann es sich lohnt hinzuhören und wann nicht.

Pfote oder Nase – Testen der Begabung

Helfen Sie Ihrem Hund nicht beim Öffnen des Deckels. Fixieren Sie die Schachtel jedoch so, dass sie nicht wegrutscht.

Wenn Sie herausfinden möchten, wie schlau Ihr Hund ist, wenn es darum geht, an ein Leckerchen oder sein Spielzeug zu kommen, können Sie dies mit verschiedenen Hunde-IQ-Begabungstests herausfinden. Manche Hunde bevorzugen den Einsatz der Pfote, um z. B. einen Deckel zu öffnen. Andere Hunde setzen lieber die Nase ein, um den Deckel beiseitezuschieben. Weiterhin gibt es auch Charaktere, die sich lieber mit etwas ganz anderem beschäftigen, als sich um eine Lösung zu bemühen. Das liegt häufig nicht an der Intelligenz, sondern in erster Linie an der Motivation.

Test 1 – Das Schachtelspiel

Das Schachtelspiel ist eine einfache Variante, um herauszufinden, ob Ihr Hund bemüht ist, eine Lösung für ein Problem zu finden. Ebenso können Sie feststellen, ob er bevorzugt seine Pfote oder das Maul einsetzt, um z. B. an ein Leckerchen zu gelangen. Setzen Sie für das Schachtelspiel Ihren Hund ab und verstecken Sie vor seinen Augen ein Leckerchen in einer Schachtel, die leicht zu öffnen ist. Hierzu können Sie eine Holzschachtel mit Deckel verwenden, die es speziell für Hunde gibt, oder einfach einen Eierpappkarton.

Nun geben Sie Ihrem Hund das Signal zum Suchen und lassen ihn selbstständig arbeiten. Bei diesem Test erkennen Sie gleich, ob Ihr Hund Interesse daran hat, sein Futter zu suchen. Beobachten Sie dabei, ob Ihr Hund die Pfote oder die Nase einsetzt, um den Deckel zu verschieben. Denn es ist hilfreich für das kommende Hunde-IQ-Training zu wissen, ob er die Nase oder die Pfote vermehrt einsetzt. Wenn Sie z. B. eine Übung wie das Berühren eines Gegenstandes für Ihren Hund leicht gestalten möchten, bestätigen Sie ihn für das Berühren mit der Pfote, wenn er diese generell bevorzugt. Möchten Sie die Aufgabe hingegen etwas schwieriger gestalten, bietet es sich an, das Berühren mit der Nase zu fördern.

Test 2 – Das Paketspiel

Das Ziel des Paketspiels ähnelt dem des Schachtelspiels: Finden Sie heraus, ob Ihrem Hund die Nasen- oder Pfotenarbeit mehr liegt. Hierbei legen Sie ein Leckerchen auf ein Handtuch und falten dieses zu einem Paket zusammen. Ihr Hund darf dabei zusehen und anschließend das Leckerchen wieder auspacken. Bei diesem Test wird auch deutlich, ob Ihr Hund Eigeninitiative zeigt. Hunde, die wenig Eigeninitiative an den Tag legen, schauen auf das Packet und warten, bis ihnen geholfen wird. Wenn dies der Fall ist, ist es besonders wichtig, dass Sie die Hunde-IQ-Übungen grundsätzlich leicht gestalten, damit Ihr Hund schnell zum Erfolg kommen kann, wenn er etwas ausprobiert. Warten Sie dabei immer ab, bis Ihr Hund selbstständig versucht, die Aufgabe zu lösen, und nicht immer auf Ihre Hilfe wartet. Belohnen Sie ihn für seinen Einsatz.

Weiterhin sehen Sie, ob Ihr Hund eher geduldig und nachdenklich ist oder ob er einfach losstürmt, das Handtuch ins Maul nimmt und wild schüttelt. Sofern Ihr Hund kopflos versucht, an das Futter zu kommen, schieben Sie ihn etwas zurück und bestätigen ihn für vorsichtiges Handeln.

Test 3 – Das Schnurspiel

Für diesen IQ-Test benötigen Sie eine breite Schnur und ein größeres Leckerchen oder ein Spielzeug. Nun binden Sie das Objekt an die Schnur und schieben dieses etwas unter einen Schrank oder die Couch, sodass Ihr Hund nur daran kommt, wenn er an der Schnur zieht. Lassen Sie Ihren Hund selbstständig ausprobieren, wie er an das versteckte Objekt kommt. Wenn Ihr Hund das Leckerchen oder sein Lieblingsspielzeug wirklich gerne haben möchte, wird er sich Mühe geben, daran zu kommen.

Wenn Ihr Hund eher ein Pfotenarbeiter ist, wird er versuchen, mit der Pfote auf die Schnur zu treten, um diese dann hervorzuziehen. Hunde, die eher mit dem Maul arbeiten, erfassen irgendwann die Schnur und ziehen daran. Es kann eine Weile dauern, bis Ihr Hund darauf kommt, wie er sein Ziel erreicht.

Halten Sie sich etwas zurück und schauen Sie ruhig zu. Denn wenn Sie zu viel helfen, wird Ihr Hund bald seine Aktivität einstellen und darauf warten, dass Sie ihm das Leckerchen oder sein Spielzeug wieder heranziehen. Wenn Sie die Intelligenz Ihres Hundes fördern möchten, ist es wichtig, ihn auch selbst auf die Lösung kommen zu lassen.

Mein Tipp bei besonders gierigen Hunden: Binden Sie kein Leckerchen an die Schnur. Die Gefahr ist zu groß, dass sie die Schnur aus Versehen schlucken. Eine andere Möglichkeit ist ein Hundespielzeug, das mit Futter gefüllt und an ein Seil geknotet werden kann. Wie Sie mit Ihrem Hund das Ziehen an der Schnur weiter trainieren können, lesen Sie auf Seite 109f.

Wenn Ihr Hund versucht, die Schnur hervorzuholen, ist das eine gute Voraussetzung für die Übungen in dem Kapitel »Der Assistent im Alltag«.

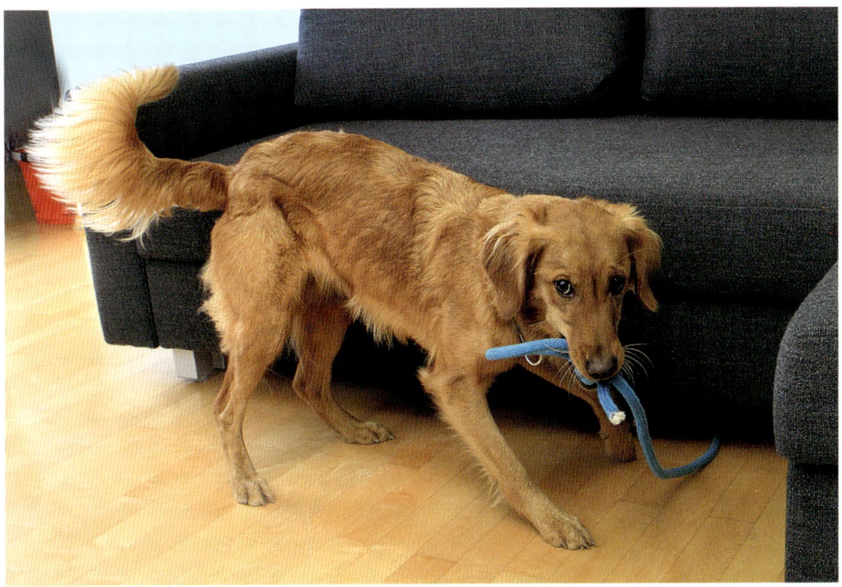

Wie gut denkt mein Hund mit?

Bei den folgenden IQ-Tests gilt es herauszufinden, wie gut Ihr Hund mitdenkt, um auf die Lösung einer Aufgabe zu kommen, und ob er Ihre Handlungen und Hinweise beobachtet. Wenn Sie die folgenden Übungen mehrmals wiederholen, wird Ihr Hund sicher lernen, dass es sich lohnt, Sie gut zu beobachten. Denn das wird ihm helfen, seine Belohnung schneller zu finden.

Test 1 – Das Becherspiel

Die Beobachtungsgabe Ihres Hundes können Sie mit einem Becherspiel testen.

Dafür benötigen Sie drei Becher. Platzieren Sie die Becher nebeneinander auf dem Boden und setzen Sie Ihren Hund davor ab. Dann legen Sie ein Leckerchen unter einen der Becher. Anschließend darf Ihr Hund das Leckerchen suchen.

Anhand des Becherspieles sehen Sie nicht nur, ob Ihr Hund daran interessiert ist, das Leckerchen zu finden, sondern auch, wie aufmerksam er ist und ob er Lösungsstrategien findet.

Wenn er Sie genau beobachtet hat, wird er zielstrebig auf den Becher mit dem Futter zusteuern. Wiederholen Sie die Übung mehrmals mit dem gleichen Becher. Danach legen Sie das Futter unter einen anderen Becher. Nun zeigt sich, ob er die Belohnung mit der Platzierung des Bechers verknüpft, oder ob er Ihre Handlung genau beobachtet hat. Wenn Ihr Hund zum falschen Becher läuft, nehmen Sie das Leckerchen unter dem andern Becher hervor und starten die Übung von vorne. So lernt Ihr Hund, dass er nur zum Ziel kommt, wenn er genau schaut, was Sie machen.

Test 2 – Intelligente Problemlösung

Wenn Ihr Hund Test 1 gut absolviert hat, können Sie den Schwierigkeitsgrad erhöhen. Legen Sie das Leckerchen unter einen der drei Becher wie bei der vorherigen Übung. Nun verschieben Sie aber die Becher, sodass die Positionen vertauscht werden. Anschließend darf Ihr Hund wieder das Leckerchen suchen. Wenn er Sie gut beobachtet hat, wird er gleich den richtigen Becher finden. Sofern er nicht direkt den richtigen Becher findet, wird er vielleicht schlau genug sein, seine Nase dafür einzusetzen. Daran können Sie ablesen, dass er eine erhöhte Intelligenz im Bereich der Problemlösung mitbringt.

Test 3 – Das fallende Leckerchen

Das Spiel mit dem fallenden Leckerchen ist eine weitere Möglichkeit, die Intelligenz Ihres Hundes im Bereich der Beobachtungsgabe zu testen. Für diese Übung benötigen Sie einen Stuhl oder einen anderen Gegenstand, der etwas höher als die Nase Ihres Hundes ist. Nun setzen Sie Ihren Hund vor dem Stuhl ab. Sie stellen sich seitlich neben den Stuhl und lassen zunächst ein Leckerchen etwa von Ihrer Schulterhöhe vor dem Stuhl auf den Boden fallen. Dieses Leckerchen sollte Ihr Hund mit Leichtigkeit finden. Nach zwei Wiederholungen kommt der Stuhl zum Einsatz. Lassen Sie das Leckerchen aber dieses Mal auf den Stuhl fallen. Wieder darf Ihr Hund seine Belohnung suchen. Wenn er Sie genau beobachtet hat, wird er seine Nase direkt zum Stuhl nach oben richten und versuchen, an die Belohnung zu kommen. Hunde, die nicht genau beobachten, werden zuerst den Boden absuchen und eine Zeit brauchen, um das Futter auf dem Stuhl zu entdecken. Wenn Sie diese Übung mehrmals wiederholen, kann Ihr Hund lernen, dass es hilfreich ist, Ihre Handlungen genau zu beobachten. Das wird Ihnen grundsätzlich bei der Kommunikation mit Ihrem Hund beim Training helfen.

Test 4 – Nachahmung

Hunde können auch durch Beobachten lernen. Wenn ein junger Hund einem anderen zuschaut, wie er z. B. an einem Seil zieht, um eine Schublade zu öffnen, kann es sein, dass der junge Hund dieses Verhalten nachahmt. Wenn Sie herausfinden möchten, ob Ihr Hund Sie gut beobachtet und sogar in der Lage ist, Ihr Verhalten nachzuahmen, eignet sich folgender Test:

Legen Sie ein Leckerchen in eine kleine Schublade, an deren Griff ein Seil befestigt ist. Danach zeigen Sie ihm, wie Sie die Schublade aufziehen, um das Leckerchen herauszunehmen. Nach dem Sie die Lösung mehrmals vorgeführt haben, ist Ihr Hund an der Reihe. Wenn er Sie gut beobachtet hat, wird er schnell auf die Lösung kommen und an dem Seil ziehen, um die Schublade zu öffnen. Ist er allerdings nur auf das Leckerchen in der Schublade fixiert, kann es sein, dass er, ohne groß zu überlegen, mit Pfote und Maul versucht, an das Leckerchen zu kommen.

Wenn Ihr Hund ein guter Beobachter ist und versucht, Ihre Handlung nachzuahmen, können Sie Ihm bei schwierigen Übungen damit auf die Sprünge helfen. Hunde, die aufmerksam zuschauen, die Handlung jedoch nicht nachahmen, müssen generell Aufgaben in kleinen Schritten erlernen.

Gerade eben war das Leckerchen doch noch da! Viele Hunde lassen sich täuschen und gehen davon aus, dass das Leckerchen bis auf den Boden fällt. Ist Ihr Hund so klug, auch in der Höhe zu suchen?

Testen, wie gut der Hund auf Hinweise achtet

Manche Hunderassen, wie z.B. der Border Collie, sind darauf spezialisiert, mit dem Menschen zusammen zu arbeiten, und haben meist eine sehr gute Beobachtungsgabe. Manchmal reicht ein Blick zur Seite aus, um dem Hund unbewusst einen Hinweis zu geben. Mit einem Becherspiel können Sie herausfinden, ob Ihr Hund auf Ihren Hinweis achtet, um den richtigen Becher zu finden, unter dem das Leckerchen versteckt ist.

Test 1 – Achten auf Handzeichen

Geht es darum, Futter zu finden, müssen viele Hunde erst lernen, dass sie schneller zum Ziel kommen, wenn sie auf unsere Hinweise achten.

Bei diesem Test stellen Sie zwei Becher vor Ihren Hund und verstecken sichtbar unter einem das Leckerchen. Lassen Sie Ihren Hund anschließend ablenken, damit Sie die Becher vertauschen können. Danach setzen Sie Ihren Hund wieder vor den Bechern ab und stellen sich selbst hinter die Becher. Zeigen Sie auf denjenigen, unter dem das Futter versteckt ist. Achtet Ihr Hund auf diesen Hinweis, wird er schnell zur richtigen Lösung kommen. Arbeitet Ihr Hund lieber selbst, wird er die Becher erst genau untersuchen und seine Nase einsetzen, um herauszufinden, wo das Futter versteckt ist.

Sie können die Übung auch etwas abwandeln, indem Sie das Futter unter einem Becher verstecken, während Ihr Hund in einem anderen Raum wartet. Anschließend holen Sie ihn zurück und deuten mit der Hand auf den Becher, unter dem das Futter liegt. Aufmerksame Hunde, die auf Hinweise achten, finden sofort das Leckerchen. Wenn Ihr Hund nur mit Suchen beschäftigt ist, ohne Ihre Hinweise zu beachten, ist es sinnvoll, diese Übung mehrmals zu wiederholen. Wenn er erneut zum leeren Becher läuft, nehmen Sie den anderen hoch und heben das Leckerchen auf. So kann Ihr Hund lernen, besser aufzupassen, da er nur eine Chance hat, den richtigen Becher zu finden.

Sofern Ihr Hund nur auf die Becher schaut und Ihre Hinweise nicht beachtet, empfehle ich Ihnen, zunächst das Aufmerksamkeitstraining mit ihm zu machen. Informationen dazu finden Sie auf Seite 56f.

Test 2 – Achten auf Mimik

Sie können mit Ihrer Mimik Hinweise für Ihren Hund beim Training geben. Wenn Sie herausfinden möchten, ob Ihr Hund auch darauf achtet, welche Signale Sie z.B.

mit Ihren Augen geben, können Sie folgendes Becherspiel ausprobieren.

Für dieses Spiel benötigen Sie zwei Becher, die Sie rechts und links neben sich abstellen. Ihren Hund setzen Sie vor den Bechern ab. Nun halten Sie Ihre Hände hinter den Rücken und schauen auf einen der leeren Becher. Wenn Ihr Hund Ihrem Blick folgt, bestätigen Sie ihn und lassen ein Leckerchen in den Becher fallen. Diese Übung können Sie mehrmals nacheinander ausführen, auf diese Weise lernt Ihr Hund mit der Zeit darauf zu achten, wo Sie hinschauen, und wird Ihrem Blick folgen, um an seine Belohnung zu kommen. Bei dieser Übung brauchen Sie allerdings etwas Geduld, denn es kann sein, dass Ihr Hund darauf wartet, dass Sie ihm ein deutlicheres Signal geben. Mit den verschiedenen Kunststückchen, die auf Seite 70 f. beschrieben sind, lernt Ihr Hund, auf verschiedene Signale zu achten.

Test 3 – Achten auf Körperhaltung

Wenn Ihr Hund bereits ein Kommando wie »Sitz« oder »Platz« kennt, können Sie testen, auf welche Signale er wirklich achtet, wenn Sie ihm das Zeichen zum Hinsetzen geben. Zunächst stellen Sie sich vor ihn, geben das Wortsignal zum »Sitz« und heben dabei den Zeigefinger. Wenn sich Ihr Hund hinsetzt, probieren Sie aus, ob er auch »Sitz« macht, wenn Sie das Wortsignal weglassen bzw. das Handzeichen nicht geben. An der Reaktion können Sie genau ablesen, auf was er tatsächlich reagiert.

Im nächsten Schritt ändern Sie zusätzlich Ihre Körperhaltung, um herauszufinden, welche Bedeutung das für Ihren Hund zum korrekten Ausführen eines Kommandos hat. Eine Möglichkeit ist, dass Sie sich auf den Boden setzen oder vor Ihrem Hund stehen und den Kopf zur Seite wegdrehen, während Sie nur das Handzeichen für »Sitz« geben. Oder Sie drehen Ihrem Hund den Rücken zu und geben dann lediglich das Wortsignal zum Setzen. Reagiert er bei den Übungen richtig, hat er das jeweilige Signal sicher verstanden – ganz unabhängig von Ihrer Körperhaltung.

Wenn Ihr Hund jedoch Mühe hat, Sie zu verstehen, sobald Sie Ihre Körperhaltung verändern oder nur das Wortsignal geben, lohnt es sich, an der Kommunikation zwischen Ihnen und Ihrem Hund zu arbeiten, um diese zu verfeinern. Das wird Ihnen dann später das gemeinsame Training sehr erleichtern. Für eine verbesserte Kommunikation üben Sie die Basiskommandos oder die Tricks aus dem Tricktraining mit Ihrem Hund ein. Beherrscht er diese sicher, können Sie Ihre Körperhaltung bei den Übungen verändern und so testen, ob Ihr Hund das Wortsignal oder Handzeichen tatsächlich versteht, auch unabhängig von Ihrer Körperhaltung.

Wenn Ihr Hund ein Kommando erlernt hat, verbindet er dieses Kommando mit einem Signal unseres Körpers. So muss Ihr Hund erst lernen, dass er ein Kommando wie »Sitz« auch neben oder hinter Ihnen ausführen kann.

Das Hunde-IQ-Trainings-programm

Hunde, die früh an das systematische Hunde-IQ-Training herangeführt werden, lernen oft sehr schnell und sind sehr kreativ. Ein strukturiertes Trainingsprogramm und das richtige Zubehör erleichtern das Üben mit Ihrem Hund.

Einstieg in das Training

Ava ist meine jüngste Hündin. Bereits am zweiten Tag nachdem sie bei mir eingezogen war – damals war sie elf Wochen alt –, habe ich mit ihr kleine Übungen gemacht. Bei den ersten kurzen Trainingseinheiten war sie noch sehr aufgeregt. Zuerst musste sie verstehen lernen, dass ich das Markerwort, ein Schnalzen mit der Zunge, immer dann gebe, wenn sie mich anschaut. Und sie musste lernen, dass nach diesem Markerwort ein Leckerchen folgt. Schon nach ganz kurzer Zeit hat sie mich scheinbar ganz bewusst angeschaut und auf das Schnalzen gewartet. Das war die beste Voraussetzung, im Training einen Schritt weiter zu gehen. Als Nächstes brachte ich Ava das Anstupsen meiner Hand bei. Das Beispiel soll zeigen, dass das Verstehen des Trainingsprinzips der Grundstein für alles Weitere ist und die verschiedenen Übungen Schritt für Schritt erlernt werden müssen.

Es kann gut passieren, dass der Hund eine Übung vier- bis fünfmal gut ausführt und plötzlich nicht mehr mitmacht, schnüffelt oder einfach dasitzt und in der Gegend herumschaut. Dies muss nicht gleich heißen, dass Ihr Hund keine Lust mehr hat. Es kann auch sein, dass

Freude am Training ist besonders wichtig. Denn nur wenn sich Ihr Hund wohlfühlt, kann er sich darauf konzentrieren, etwas Neues zu lernen.

er eine kurze Gedankenpause braucht. Wichtig ist auch, wenn Ihr Hund einen Übungsschritt sicher verstanden hat, einen Schritt weiter zu gehen. So wird er wieder gefordert und er muss sich Mühe geben, die nächste Belohnung zu erhalten.

Wenn es am schönsten ist, soll man bekanntlich aufhören. Wenn Ihr Hund also gut mitmacht und die Übung bewältigt hat, ist es Zeit, eine Pause einzulegen, denn besser wird es in dem Moment meist nicht.

Mit welchen Übungen starten?

Sobald Ihr Hund die erste Übung, das Anstupsen der Hand, sicher ausführt, ist es Zeit für die nächsten Aufgaben. Es empfiehlt sich, neben den üblichen Grundkommandos auch schon mit Übungen aus anderen Bereichen zu beginnen. Hier gilt es die Begabungen des Hundes zu beachten.

Wenn Ihr Hund gerne mit Spielzeug spielt, könnten Sie früh damit beginnen, ihm beizubringen, einen Gegenstand aufzuheben und in Ihre Hand zu geben. Detaillierte Anleitungen zum Apportiertraining finden Sie auf Seite 98f. Nicht jeder Hund hat Interesse daran, etwas im Maul zu tragen. Bei diesen Hunden ist es besser, die Aufgabe auf einen späteren Zeitpunkt zu verschieben und zuerst mit etwas Tricktraining zu beginnen. Besonders junge Hunde probieren gerne viel aus und versuchen herauszufinden, was sie tun müssen, damit sie eine Belohnung bekommen.

Sehr kreative Hunde können z.B. auch relativ früh lernen, an einem Seil zu ziehen, um eine Schublade zu öffnen und einen gewünschten Gegenstand herausholen. Ein anderer Trainingsbereich, mit dem sehr zeitig begonnen werden kann, ist die Nasenarbeit. Denn sie weckt bei vielen unterschiedlichen Hunden das Interesse.

Hilfsmittel und Trainingsmethoden

Die wichtigsten Hilfsmittel für das Training mit dem Hund sind Motivation, Konsequenz, Geduld und Fairness. Wenn Sie selbst diese Eigenschaften mitbringen, stehen die Chancen für ein schönes Training mit Ihrem Hund sehr gut. Ihr Hund wird Sie als wichtigstes Hilfsmittel bei den Übungen ansehen, denn Sie sind sein Trainingspartner – und ohne den geht es nicht.

Neben den Eigenschaften, die für das Training wichtig sind, braucht es auch ein paar Utensilien. Also packen Sie vor dem Training Ihre Tasche und nehmen Sie kleine Leckerchen, einen Futterbeutel, ein Spielzeug, ein Halsband und eine Leine mit. Wenn Sie sich dafür entschieden haben, das Markerwort mit einem Klicker auszuführen, dann sollte dieser bei keinem Training fehlen.
Je nachdem, was Sie trainieren möchten, brauchen Sie noch weitere Hilfsmittel wie eine Pfeife, bestimmte Gegenstände, die Ihr Hund suchen oder apportieren kann, sowie ein Seil und einen Zielpunkt (z.B. einen Untersetzer), um das Ziehen und Schieben zu üben. Im Buch

Ist Ihr Hund mit den Grundlagen des Trainings vertraut, ist es sinnvoll, schon kleine Tricks oder das Apportieren zu üben.

finden Sie bei den jeweiligen Übungen angegeben, welche Hilfsmittel benötigt werden.

Beim Hunde-IQ machen wir uns die sogenannte klassische und die operante Konditionierung zunutze, um die Intelligenz des Hundes zu fördern. Unter der klassischen Konditionierung können Sie sich Folgendes vorstellen: Generell reagiert ein Hund beim Anblick von Futter fröhlich und erwartungsvoll. Nun ertönt jedes Mal ein Signal, bevor der Hund sein Futter erhält. Schon bald reagiert er bei dem Signal mit freudiger Erwartung, obwohl das Futter noch nicht zu sehen ist. Dadurch haben Sie die Möglichkeit, mit dem Signal das gewünschte Verhalten zu bestätigen, und Ihr Hund weiß, dass er direkt danach seine Belohnung erhält.

Die operante Konditionierung betrifft das Belohnen des gezeigten Verhaltens mit dem Markerwort. Wenn Ihr Hund eine spontane Handlung zeigt, wie z. B. Hinsetzen, wird dieses Verhalten mit dem Markerwort belohnt. So begreift Ihr Hund, dass das bereits konditionierte Markerwort für gewünschtes Verhalten gegeben wird, und lernt, mitzudenken und Verhaltensformen anzubieten. Sofern Ihr Hund das Verhalten wiederholt, kann er dieses dann mit einem Kommando oder einem Signal verknüpfen.

Regeln für Alltag und Training

Es gibt ein paar Grundregeln für den Alltag und das Training mit einem Hund. Wenn Sie die verinnerlichen, wird nicht nur das Training für Sie und Ihren Hund angenehmer, sondern insgesamt die Bindung zwischen Ihnen verbessert.

Geduld und Ausgeruhtheit

Kennen Sie das, wenn Sie geschafft von der Arbeit heimkommen und sich nicht einmal mehr darauf konzentrieren können, Ihrem Gesprächspartner zuzuhören? Genauso geht es Ihrem Hund auch, wenn er schon einen langen Spaziergang hinter sich hat oder eine Weile mit seinem Hundekumpel über die Wiesen getobt ist. Für das Training ist es deshalb wichtig, dass Ihr Hund ausgeruht ist. Schön wäre es auch, wenn Sie selbst gut drauf sind, denn für das Training brauchen Sie viel Geduld. Wenn Sie schon etwas gereizt an das Training mit dem Hund gehen, ist dies schon fast zum Scheitern verurteilt.

Angemessene Belohnung

Zunächst macht es Sinn, dass Sie den Alltag Ihres Hundes etwas strukturieren und das Training direkt mit einfließen lassen. Dies muss nicht in Stein gemeißelt sein, jedoch sollte es einen groben Richtplan geben. Schon beim ersten Spaziergang am Morgen können die ersten Übungen aus dem Bereich der Basiskommandos eingeflochten werden. Ich nehme für meine Hunde auch direkt das Frühstück mit auf den Spaziergang. Dies erhöht ihre Motivation, mit mir zusammenzuarbeiten, enorm.

Nun gibt es sicher einige Hundehalter, die das Gefühl haben, der Hund sollte nicht nur für Futter auf uns hören. Das ist auch richtig, dennoch bietet es sich an, das tägliche Futter als Belohnung einzusetzen. Denn essen muss Ihr Hund sowieso und es ist nichts Verkehrtes daran, wenn Ihr Hund auch etwas dafür tut. Ich selbst mache meine Arbeit sehr gerne, doch wenn ich dafür keine Belohnung bekommen würde, würde die Motivation sicher auch bei mir irgendwann nachlassen.

Viele Hundehalter fragen mich, wann sie aufhören können, den Hund zu belohnen. Meine Antwort ist, dass sie nie damit aufhören sollten. Denn das Lob ist ein großer Antrieb, etwas für jemand anderen zu tun. Die Belohnung des Hundes sollte in jedem Fall angemessen erfolgen. Das bedeutet, wenn Ihr Hund noch schnüffelt und das Bein hebt, bevor er auf Ihren Rückruf reagiert, dann gibt es kein Leckerchen. Wenn er jedoch wie der Pfeil angeschossen kommt, hat er sich eine Belohnung verdient. Dies muss nicht immer Futter sein, ein lobendes Wort sollte es Ihnen aber schon wert sein. Das Belohnen darf auch nicht mit Locken verwechselt werden. Das heißt also, dass Sie nicht mit dem Leckerchen winken sollten, damit Ihr Hund endlich vom Feld zurückkommt. Stattdessen sollte er erst zu Ihnen kommen und dann holen Sie die Belohnung aus der Tasche.

Alltag ist Training

Weiterhin erleichtern Sie Ihrem Hund das Zurechtfinden in unserer Welt enorm, wenn im Alltag die gleichen Regeln gelten wie im Training. Sicher geht es nicht ohne Mühe und es ist hilfreich, von Anfang an sehr aufmerksam und konsequent zu sein, damit Sie Ihrem Hund die Verhaltensregeln verständlich zeigen können. Nachhaltige Hundeerziehung funktioniert nicht, ohne dass Sie sich Zeit nehmen und mit Ihrem Hund trainieren. Selbst wenn Sie nur einmal die Woche mit Ihrem Hund in die Hundeschule gehen, wird er dort schon etwas lernen. Nämlich, dass genau in dieser Stunde bewusst mit ihm umgegangen wird, er für Aufmerksamkeit und ordentliches Fußlaufen belohnt wird.

Doch oft ziehen diese Hunde schon wieder an der Leine, sobald Hund und Herrchen den Hundeplatz verlassen haben. Dieses Verhalten können Sie ändern, indem Sie auch im Alltag genauso bewusst mit Ihrem Hund umgehen wie in der Trainingsstunde. Denn es lohnt sich, etwas mehr Zeit in das Training mit dem Hund zu investieren: Sie sparen viel Zeit daran, Ihren Hund ständig für unerwünschtes Verhalten zu korrigieren. Ein gut strukturiertes Training wirkt sich außerdem positiv auf die Bindung zwischen Ihnen und Ihrem Hund aus, weil der Hund lernt, Ihre Signale zu deuten, und sich so leichter angemessen verhalten kann.

Das wichtigste Trainingsutensil sind Sie selbst. Weiterhin empfiehlt es sich, einen Futterbeutel mit Leckerchen, ein Spielzeug, eine Leine, einen Klicker und eine Pfeife für das Training zu haben.

Grundlagen für ein gelungenes Hunde-IQ-Training

Beginnen und beenden Sie das Training immer mit einer Übung, die Ihr Hund gut kann.

Eine Trainingseinheit dient dazu, dem Hund ganz bewusst ein Verhalten beizubringen und dieses danach zu festigen. Damit dies gelingt, sollten Sie zum Beispiel Dauer, Häufigkeit und auch den Ort des Trainings gezielt auswählen. Dafür finden Sie in den folgenden Abschnitten viele Tipps.

Dauer des Trainings

Damit der Hund nicht überlastet wird oder den Spaß am Lernen verliert, ist es wichtig, darauf zu achten, beim Üben eine Zeitspanne einzuhalten, in der der Hund noch konzentriert mitarbeitet. Diese ist bei jedem Hund individuell. Meine kleine Border-Collie-Hündin Ava schien schon nach den ersten Trainingseinheiten große Freude daran zu haben herauszufinden, was sie tun muss, damit ich ihr das Markerwort gebe. Zum Trainingsbeginn tänzelte sie schon von einer Pfote auf die andere, bis es endlich losging. Die erste Minute hatte sie noch etwas Mühe, ruhig sitzen zu bleiben, doch schon bald legte sich ihre Aufregung und sie konnte sich besser konzentrieren. In der Anfangsphase habe ich mich deshalb darauf konzentriert, mehrheitlich Warteübungen wie Sitz und Bleib mit ihr zu üben, bis sich ihre Aufregung etwas gelegt hatte. Wenn sie dann ruhiger und konzentrierter wurde, begann ich mit einer neuen Übung. Nach zwei Minuten, in denen sie aktiv mitgearbeitet hatte, konnte ich deutlich merken, wie ihre Konzentration langsam abnahm. Als sie dann anfing, auf der Wiese zu schnüffeln, war dies ein deutliches Zeichen für mich, dass die Trainingseinheit nun beendet werden sollte. In den nächsten Trainingseinheiten achtete ich darauf, nicht länger als drei Minuten ihre Aufmerksamkeit zu fordern.

Testen der Konzentrationsleistung

Wenn Sie testen möchten, wie lange sich Ihr Hund konzentrieren kann, könnten Sie einmal eine Übung so lange durchführen, bis Ihr Hund unkonzentriert ist, sich abwendet oder andere Zeichen zeigt. Diese Zeitspanne sollten Sie in den nächsten Trainingseinheiten nicht überschreiten. Erst nach einigen Wochen können Sie erneut testen, ob sich die Konzentrationsleistung etwas verbessert hat. Denken Sie daran, eine Übung immer dann zu beenden, wenn der Hund mitarbeitet und Erfolge erzielt werden. Auch wenn Ihr Hund einmal nicht mitarbeitet, haben Sie Geduld und warten Sie, bis er sein Tief überwunden hat und mitmacht. Hat er dann zweimal gut mitgearbeitet, wird die Übung beendet.

Die Häufigkeit des Trainings

Die Häufigkeit des Trainings ist eine wichtige Lernvoraussetzung. Im Allgemeinen soll eine Übungseinheit nicht länger als 5 Minuten dauern. Hiernach ist es sinnvoll, dem Hund eine kleine Gedankenpause zu gönnen. Je nachdem, wie geübt Ihr Hund beim IQ-Training ist, können Sie mehrere Übungseinheiten mit kleinen Pausen verbinden.

Sicher wird es auch vorkommen, dass Sie an einem Punkt einfach nicht weiterkommen, weil Ihr Hund alles andere macht, nur nicht das, was Sie im Sinn haben. Hierbei gilt es nicht zu verzweifeln oder die Geduld zu verlieren. Oft ist es hilfreich, wenn Sie dann ein paar Tage pausieren. Es wirkt, als denke der Hund über die Übung nach, und zeigt so eventuell schneller das richtige Verhalten. Voraussetzung für das erfolgreiche Training ist, den Hund nicht zu überfordern und ihm ausreichend Zeit zum Entspannen zu geben.

Der Trainingsort

Wussten Sie, dass Ihr Hund ein Verhalten auch mit einem Ort verknüpfen kann? Ein Hund kann sogar lernen, dass er zuerst sitzen muss, bevor die Straße überquert wird, ohne dass Sie ihm ein verbales Kommando geben. Viele Kunden kommen in die Hundeschule und erzählen, dass der Hund wirklich gut gehorcht und sehr aufmerksam ist. Zu Hause kann er alles, was er gelernt hat, aber wenn er einen anderen Hund sieht, möchte er einfach nicht gehorchen. Der Ort des Trainings hat also einen entscheidenden Einfluss auf das Verhalten unseres Hundes.

Deshalb ist es wichtig, dass Sie mit dem Hunde-IQ-Training zunächst an einem Ort mit wenig Ablenkung beginnen. Es bietet sich an, die ersten Übungen im

Gönnen Sie Ihrem Hund während des Trainings kleine Pausen, damit er sich erholen kann.

Auch ein kurzes Spiel lockert das Training auf. Achten Sie jedoch darauf, Ihren Hund damit nicht zu verausgaben.

Haus zu absolvieren. Ihr Hund sollte sich voll und ganz auf die Übung konzentrieren können. Wenn im Hintergrund das Telefon klingelt oder sich die Familienmitglieder unterhalten, kann dies schon ausreichen, um den jungen oder ungeübten Hund abzulenken. Wenn er das Lernprinzip verstanden hat und konzentriert bei der Sache ist, kann das Training draußen stattfinden. Auch hier sollten Sie erst einmal einen Ort aufsuchen, der ruhig ist. Sofern Ihr Hund die Übungen ohne Ablenkung sicher ausführt, ist es an der Zeit, diese auch unter etwas Ablenkung auszuprobieren. Geben Sie Ihm die Möglichkeit, sich langsam an das Training unter verschiedenen Umwelteinflüssen zu gewöhnen.

Sofern Ihr Hund bei einer Trainingseinheit das gewünschte Verhalten gezeigt hat, erwarten Sie dann nicht sofort, dass er die Übung auch verstanden habe. Hierzu benötigt es je nach Aufgabe viele Wiederholungen, bis er das Verhalten wirklich sicher kennt. Denn er lernt es in einer Trainingssituation, das bedeutet, dass er es genau unter den gegebenen Umständen, an diesem einen Ort, an dem Sie trainieren, korrekt ausführt. Er muss jedoch erst lernen, dieses Verhalten auch an anderen Orten oder unter anderen Umwelteinflüssen zu zeigen.

Hat Ihr Hund Mühe, sich zu konzentrieren, bringt es nichts, Druck aufzubauen. Sinnvoller ist es, einen ruhigeren Ort aufzusuchen und mit einer leichteren Übung fortzufahren. Auch wenn Ihr Hund die Übung eigentlich schon konnte, kann es viele Gründe geben, warum er sich in diesem Moment nicht darauf konzentrieren kann. Geben Sie ihm die Chance, mit einer leichteren Aufgabe zum Erfolg zu kommen. Ein Beispiel: Ihr Hund beherrscht normalerweise Sitz und Bleib, in der Stadt steht er jedoch ständig auf, weil er die Tauben auf dem Stadtplatz beobachten möchte. In dieser Situation wäre es gut, schon das kurze Hinsetzen zu belohnen, um den Hund wieder zu erreichen. Warten Sie nicht erst ab, bis er abermals aufsteht, um ihn dann erneut zu korrigieren

Anfang und Ende einer Hunde-IQ-Trainingseinheit

Ein effektives Training setzt die Aufmerksamkeit Ihres Hundes voraus. Sicher ist es wichtig, dass Ihr Hund auch im Alltag aufmerksam ist und Ihnen zuhört. Dennoch macht es Sinn, ihm ein bestimmtes Signal für den Anfang und das Ende des Hunde-IQ-Trainings beizubringen. Wenn Sie z. B. einen Trick wie Rückwärtslaufen geübt haben und Ihrem Hund nicht deutlich zeigen, dass das Training nun beendet ist, wird er vielleicht weiterhin versuchen, eine Belohnung für sein Verhalten zu bekommen. Und er wird sich wundern, warum Sie nicht mehr darauf reagieren.

Damit der Hund lernt, wann das Training beginnt und wann seine Aufmerksamkeit und Konzentration gefordert wird, können Sie ein bestimmtes Wortsignal oder eine Geste einführen, z. B. »Los geht's«. Um das Ende einer Trainingseinheit anzukündigen und dem Hund so verständlich zu machen, dass das weitere Verhalten nicht mehr belohnt wird und er sich nun entspannen kann, wird auch dafür ein Wortsignal eingeführt, wie z. B. »Fertig«. Sie können Ihrem Hund beibringen, dass nach dem Anfangssignal Aufmerksamkeit gefordert wird und Schnüffeln oder Markieren für die nächsten Minuten tabu sind, bis Sie die Trainingseinheit wieder beenden.

Die Trainingseinheit sollte mit einer Übung gestartet und beendet werden, die Ihr Hund gerne und gut ausführt, um die Motivation aufrechtzuerhalten. Wenn er die neue Übung schnell versteht, reicht es aus, diese zweimal zu wiederholen und frühzeitig aufzuhören.
Es ist eher hinderlich, wenn er das geübte Verhalten zehnmal zeigen soll und dieses nach vielen Wiederholungen dann doch nicht mehr klappt. Zum Ende einer Übung können Sie Ihren Hund mit einem kurzen Spiel oder einer Streicheleinheit und freundlichen Worten loben.

Sobald Ihr Hund einen Trick oder eine andere Aufgabe gelernt hat und diese sicher beherrscht, können Sie diese auch im Alltag mit einbringen. Hierzu braucht es dann keine Anfangs- und Endsignale, denn es ist ja keine Trainingseinheit, in der Ihr Hund etwas Neues lernen soll, sondern nur eine Aufforderung, ein gelerntes Verhalten zu zeigen.

Denken Sie daran, dass das Training der Basiskommandos nicht mit dem Ende einer Trainingseinheit aufhören sollte. Ich finde es interessant zu sehen, wie sich viele Hundehalter kurz vor der Hundestunde verhalten. Wenn ich mit meinem Auto den Feldweg hinabfahre, kann ich schon auf den Parkplatz vor der Trainingswiese schauen. Dort sehe ich Kofferräume, die aufgehen, und Hunde, die herausstürmen. Die meisten Hunde sind sehr aufgeregt und springen an den anderen Leuten hoch. Ist der Hund dann endlich angeleint, zieht er seinen Besitzer schon zum nächsten Hundekumpel, um diesen stürmisch zu begrüßen.

Ich lege großen Wert darauf, dass die Begrüßung ruhig abläuft und die Hunde hinter den Menschen sitzen, während ich dem Hundehalter die Hand gebe. Die Hunde können das. Zumindest haben sie gelernt, dass der Anfang einer Hundestunde immer so abläuft. Doch sie können nicht von Ihrem Hund erwarten, dass er das Gelernte auch von selbst an anderen Orten umsetzt. Hierzu braucht es Ihre Aufmerksamkeit und ein konsequentes Training. Wenn Sie möchten, dass er sich auch vor und nach dem Training anständig benimmt, müssen Sie ihm dies beibringen und sich die Zeit nehmen, das Fußlaufen auf dem Weg zum Bäcker zu üben.

Bindungsaufbau

Eine gute Bindung zwischen Ihnen und Ihrem Hund ist der Schlüssel für ein harmonisches Miteinander und die Grundvoraussetzung für das Hunde-IQ-Training. Ein Hund, der gerne mit seinem Menschen zusammen ist und sich in seiner Gegenwart wohlfühlt, kann sich besser auf die Signale des Menschen konzentrieren.

Der Aufbau der Bindung erfolgt in den ersten Wochen, die Mensch und Hund gemeinsam verbringen. Im Spiel lernt der Hund, Vertrauen zu fassen und auch erste Grenzen zu akzeptieren.

Das Spiel sollte dem Charakter Ihres Hundes angepasst werden. Wenn Sie einen eher ruhigen Hund haben, müssen Sie ihn im Spiel mehr motivieren, als wenn Ihr Hund von sich aus schon sehr aktiv ist. Generell können Sie wie folgt mit Ihrem jungen Hund spielen: Zunächst wecken Sie seine Aufmerksamkeit, indem Sie sich interessant machen und etwas von ihm weglaufen, sodass er

Anstatt Ihrem Hund nachzulaufen und ihn zu rufen, können Sie seine Aufmerksamkeit fordern, indem Sie sich zügig von ihm wegbewegen. So lernt Ihr Hund, auf Sie zu achten.

hinter Ihnen herrennen muss, um Sie nicht zu verlieren. Wenn er Sie erreicht hat, knien Sie sich auf den Boden und er darf Ihren Händen etwas nachjagen. Dann schieben Sie ihn leicht zur Seite oder locken ihn mit den Händen unter Ihrem Bein durch. Ein vorsichtiger Hund darf mehr hinter den Händen herspringen, einen eher draufgängerischer Hund dürfen Sie beim Spiel auch ab und an etwas spielerisch schupsen oder leicht umwerfen, so wie es Hunde untereinander auch machen. Wenn das Spiel zu wild wird und Ihr Hund z.B. zu fest in die Hände zwickt, können Sie ihn kurz korrigieren. Wenn er sich nicht beruhigt, beenden Sie das Spiel, indem Sie aufstehen und sich vom Hund abdrehen.

Eine wichtige Regel beim Spiel mit dem jungen Hund ist, dass Sie ihm nicht nachjagen. Wenn er dies als Spiel versteht, könnte es passieren, dass er vor Ihnen wegspringt, sobald Sie ihn anleinen möchten, weil er im Sinn hat, Sie zum Spiel aufzufordern. Wenn Ihr Hund ausgewachsen ist und die Bindung gefestigt ist, kann das Spielen ohne Objekte etwas anders aussehen. Es sollte ruhiger ausfallen und mehr und mehr mit kleinen Übungen verbunden werden.

Der Hund wird für erwünschtes Verhalten mit Futter belohnt; so lernt er mitzudenken, um seine Belohnung zu erarbeiten.

Ein weiterer Bereich, um die Bindung zwischen Ihnen und Ihrem Hund zu festigen, ist die tägliche Fütterung. Hier bietet es sich an, das Futter mit auf den Spaziergang zu nehmen. So können Sie ihn für das Zurückkommen unter Ablenkung mit Futter belohnen oder Übungen auf dem Spaziergang einbauen, bei dem sich Ihr Hund das Futter erarbeiten darf. So kann Ihr Hund lernen, seine Aufmerksamkeit auf Sie zu richten, selbst wenn andere Hunde in Sichtweite sind. Die Ablenkung sollte nur langsam gesteigert werden, damit Ihr Hund die Möglichkeit hat, zum Erfolg zu kommen – siehe auch Abschnitt »Der Trainingsort«, Seite 41.

Weiterhin tragen gemeinsame Aktivitäten, wie das Erkunden der Umgebung, das gemeinsame Trainieren und das Genießen ruhiger Streicheleinheiten zur Bindung bei.

Klare Linie

Beim Hunde-IQ-Training lernt Ihr Hund, dass es beim Einüben neuer Verhaltensweisen einen roten Faden gibt. Wenn er das Prinzip erst einmal verstanden hat, weiß er genau, auf welche Art und Weise eine neue Übung aufgebaut wird. Auch im Alltag braucht der Hund eine klare Linie, an die er sich halten kann. Falls Ihr Hund überfordert ist, helfen Sie ihm, indem Sie ihn gekonnt an die neue Situation heranführen. Wenn dies nicht gegeben ist, wird es immer wieder zu Situationen kommen, in denen der Hund in Ihren Augen einen Fehler macht. Dies führt zu unnötigem Stress. Grundlegende Regeln sind im Alltag und auch im Training wichtig, um dem Hund die Möglichkeit zu geben zu lernen, welches Verhalten erwünscht ist. So erfährt er, was er darf, was verboten ist und dass angemessenes Verhalten und aktives Mitdenken belohnt werden.

Wenn Sie Ihren Hund für ein Verhalten belohnen oder korrigieren, gilt es darauf zu achten, dass dies genau in dem Moment, in dem das Verhalten auftritt, oder unverzüglich danach geschieht. Wenn mehr als drei Sekunden dazwischenliegen, ist es häufig so, dass Ihr Hund Ihre Reaktion schon gar nicht mehr mit seinem Verhalten verknüpft.

Zu einer klaren Linie gehören auch Einfühlungsvermögen und Konsequenz. Generell können Sie Ihrem Hund gutes Benehmen mit den Möglichkeiten der positiven Verstärkung beibringen, indem Sie ihn für erwünschtes Verhalten belohnen. Anschließend sollte das Erlernte auch konsequent umgesetzt werden. Das bedeutet, dass er unverzüglich zurückkommt, wenn Sie ihn rufen, oder dass er sitzen bleibt, wenn Sie ihm das Kommando dafür gegeben haben. Seien Sie aber fair und überlegen Sie genau, ob er das erwünschte Verhalten in der Situation wirklich schon kann. Wenn er einen Fehler macht, können Sie ihn genau in dem Moment angemessen korrigieren.

Sobald Ihr Hund die Regeln kennt und gelernt hat, dass es für ihn von Vorteil ist, sich daran zu halten, wird es Ihnen leichter fallen, gemeinsam durch den Alltag zu kommen und das Training effektiv zu gestallten.

Erholungszeiten

Wenn man sich als Hundehalter erkundigt, was man mit seinem Hund alles machen muss, liest und hört man immer wieder: viel Bewegung, Beschäftigung und Erziehung. Das Angebot im Hundesport ist sehr vielfältig. Es passiert schnell, dass man mit dem Hund von einem Termin zum nächsten hetzt. Wenn das Training erledigt ist, muss er dann vielleicht noch mit seinen Hundekumpels spielen und danach steht Ihr Besuch vor der Tür, oder die Kinder möchten mit dem Hund spielen. Die lang ersehnte Ruhe bleibt dann oft für den Hund auf der Strecke.

Neben der artgerechten Auslastung Ihres Hundes ist auch das Einhalten von Ruhezeiten sehr wichtig für sein Wohlbefinden und seine Ausgeglichenheit. Ein Hund, der nicht zur Ruhe kommt, wird schnell überdrehen. Sorgen Sie dafür, dass er sich zum Ausruhen an einen ruhigen Ort zurückziehen kann, an dem er nicht gestört wird. Es gibt Hunde, die das Ausruhen erst erlernen müssen. Hier bietet es sich an, ihn anfangs in eine Hundebox zu bringen. Sobald er gelernt hat, wie gut es ihm tut, sich eine Auszeit zu nehmen, wird er sich von selbst an seinen Schlafplatz zurückziehen. Wenn Ihr Hund nicht ausgeruht ist, fällt es ihm auch schwer, sich zu konzentrieren und seine Intelligenz zu zeigen. Wichtig ist, dass Sie mit ihm trainieren, bevor er sich zum Beispiel beim Spielen mit anderen Hunden verausgabt hat. Denn die Übungen des Hunde-IQ-Trainings erfordern viel Konzentration. Außerdem wird Ihr Hund von sich aus mehr Initiative zeigen und offener für Neues sein, wenn er ausgeschlafen und fit ist. Ist Ihr Hund noch nicht so sehr mit dem Hunde-IQ-Training vertraut, kann es sein, dass er nach etwa zwei Minuten schon eine kleine Pause braucht. Geben Sie ihm Zeit zu lernen, sich auf eine Übung zu konzentrieren.

Eine gesunde Mischung aus Bewegung, Kopfarbeit und Erholungszeit ist grundlegend für einen ausgeglichenen Hund.

Das Lernen lernen

Besonders aktive Hunde bieten oft schon von sich aus verschiedene Verhaltensweisen an. Diese können Sie mithilfe des Markerwortes trainieren, sodass Ihr Hund das Verhalten auf Kommando zeigt.

Wenn Ihr Hund ausgeruht ist und seine nächste Aktivitätsphase beginnt, ist die richtige Zeit, um mit dem Hunde-IQ-Training zu beginnen. Beim Hunde-IQ geht es darum, dass Ihr Hund erfährt, was bewusstes Lernen ist. Das Wichtigste dabei ist, dass Sie ihm Zeit geben zu verstehen, dass er Ihnen ein Verhalten anbieten muss, wofür er dann eine Belohnung bekommt. Der Hund lernt in jeder Situation, sei es bewusst oder unbewusst. Wenn

Sie ihm etwas beibringen möchten, ist jedoch das bewusste Lernen gefragt.

Das Gehirn des Hundes kann besonders gut Verknüpfungen herstellen. Diese Eigenschaft machen wir uns zunutze, um die Intelligenz des Hundes zu fördern. Denn das Erlernen neuer Kunststückchen und anderer Übungen basiert darauf, dass der Hund ein Signal von uns mit einem Verhalten von ihm verknüpft, wofür er dann belohnt wird.

Sie können auch außerhalb des geplanten Trainings zufällig angebotenes Verhalten einfangen und bestätigen. Eine Möglichkeit bietet sich z. B., wenn sich Ihr Hund nach dem Aufstehen streckt oder mit der Pfote übers Ohr streicht. Immer dann, wenn er dieses Verhalten zeigt, geben Sie ihm ein Wortsignal und bestätigen das Verhalten mit dem Markerwort. So lernt Ihr Hund, dass er mit dem Zeigen eines bestimmten Verhaltens eine Belohnung erhält. Wenn Sie genau wissen, dass er sich im nächsten Moment strecken wird, können Sie das Wortsignal »Streck dich« schon geben und warten, bis er das erwartete Verhalten zeigt. Wenn Sie das Verhalten mehrmals eingefangen haben, können Sie schon ausprobieren, ob Ihr Hund sich ein zweites Mal streckt, wenn Sie ihm das Signal geben.

Welche Belohnung ist die richtige?

Mit den IQ-Tests haben Sie bereits herausgefunden, welche Interessen und Begabungen Ihr Hund hat. Weiterhin ist es wichtig, dass Sie testen, welche Belohnung Ihr Hund am liebsten hat. Ich würde Ihnen empfehlen, beim Hunde-IQ-Training mit der Futterbelohnung zu arbeiten. Wenn Ihr Hund erst einmal das gewünschte Verhalten gelernt hat und sicher ausführt, können Sie damit beginnen, das Verhalten im Alltag variabel zu belohnen. Das bedeutet, er bekommt nur noch Futter, wenn er die Übung schnell und sicher ausführt. Ansonsten reicht auch ein Lobwort aus, um ihm mitzuteilen, dass Sie zufrieden mit ihm sind. Sie müssen also im Alltag nicht jedes Verhalten mit Futter belohnen, aber ein lobendes Wort oder eine Streicheleinheit sollte es Ihnen schon wert sein.

Neben der aktiven Belohnung, die Sie Ihrem Hund bewusst geben, sofern er etwas richtig gemacht hat, sollte es selbstverständlich sein, dass Sie freundlich mit ihm umgehen. Der Einsatz der Stimme ist ein weiteres wichtiges Instrument dabei. Sie können dem Hund mit weicher, etwas höherer Stimme signalisieren, dass Sie mit seinem Verhalten zufrieden sind. Eine dunkle, etwas tiefere Stimme reicht aus, um den Hund zu korrigieren.

Im Folgenden sind verschiedene Belohnungsmöglichkeiten aufgeführt, die auf der positiven Verstärkung basieren.

Futter

Die gängigste Belohnung ist der Einsatz von Futter. Besonders für das Hunde-IQ-Training im Bereich der Verhaltensformung ist es sehr hilfreich. Bei den vorgestellten Übungen in diesem Buch wird die Belohnung mit Futter in Verbindung mit einem Markerwort praktiziert. Als Belohnungshappen kann das gewöhnliche Futter verwendet werden oder kleine weiche Leckerchen.

Sie können Ihrem Hund beibringen, dass er durch aktives Mitdenken und das Ausführen des gewünschten Verhaltens nach dem Markerwort eine Futterbelohnung bekommt.

Spielzeug

Eine weitere Möglichkeit ist die Belohnung mit Spielzeug. Anstelle eines Futterbrockens bekommt der Hund sein Spielzeug, nachdem er das gewünschte Verhalten gezeigt hat. Der Nachteil bei dieser Belohnungsmethode ist, dass der Hund durch das Spielzeug oft sehr aufgeregt ist und die Konzentration auf die eigentliche Übung sinkt. Ich würde Ihnen empfehlen, das Spielzeug erst am Ende einer Trainingseinheit zum Einsatz kommen zu lassen. Wenn Ihr Hund gut mitgemacht hat, können Sie zum Abschluss noch ein wenig mit ihm spielen.

Hunde lernen in jeder Situation, sei es bewusst oder unbewusst. Doch wenn Sie Ihrem Hund ein neues Verhalten beibringen möchten, muss er zuerst das Lernprinzip verstehen.

Aufmerksamkeit

Auch die Aufmerksamkeit kann belohnend für Ihren Hund sein. Viele Hunde freuen sich schon über einen Blickkontakt oder eine lobende Berührung, wie das Streicheln an der Flanke. Weiterhin ist es eine positive Verstärkung für den Hund, wenn er lernt, dass er mit dem Zeigen des gewünschten Verhaltens zu seinem Ziel kommt, indem Sie ein Kommando wieder auflösen. Wenn Ihr Hund z. B. an der Leine zieht, weil er einen anderen Hund begrüßen möchte, kommt diese Möglichkeit der Belohnung zum Einsatz. Zunächst bleiben Sie stehen und verhindern so, dass er mit unerwünschtem Verhalten zum Ziel kommt. Sobald der Hund nachgibt und mit Ihnen Blickkontakt aufnimmt oder sich sogar hinsetzt, bekommt er die Belohnung, indem Sie den Hund freigeben, sodass er zu dem anderen Hund gehen kann. Allerdings erleichtern Sie es Ihrem Hund, das richtige Verhalten zu zeigen, wenn Sie ihm ein Wartesignal geben.

Trainieren Sie die Aufmerksamkeit zuerst mit Ablenkung durch Futter oder Spielzeug. Solange Ihr Hund unruhig ist und an der Leine zieht, warten Sie, bis er sich beruhigt hat.

Dann sprechen Sie Ihren Hund mit seinem Namen an und geben ihm ein Wartesignal.

Wenn Ihr Hund ruhig wartet und Blickkontakt mit Ihnen aufnimmt, geben Sie das Auflösesignal und der Hund darf zu dem Spielzeug laufen.

Die Arbeit mit dem Markerwort

Das Markerwort ist eines der wichtigsten Instrumente beim Hunde-IQ-Training, denn dieses Wort bestätigt Ihren Hund in seinem Verhalten und kündigt die Belohnung an. Zunächst sollten Sie sich gut überlegen, welches Signal Sie als Markerwort verwenden möchten. Hunde reagieren generell besser auf hohe Töne. Signale wie das Geräusch des Klickers oder das Schnalzen mit der Zunge, eignen sich besonders gut, weil sie sich von der Stimme deutlich abheben. Mit dem Klicker ist es auch etwas leichter, die Bestätigung im richtigen Moment zu geben. Wenn Sie sich mit dem Klickgeräusch nicht anfreunden können, wäre es auch möglich, ein kurzes prägnantes Wort zu verwenden, wie z. B. »gut«.

Um Ihren Hund auf das Markerwort zu konditionieren, sagen Sie seinen Namen. Sobald er zu Ihnen schaut, drücken Sie auf den Klicker oder sagen Ihr Markerwort. Danach bekommt der Hund sein Futter. Diese Übung wird einige Male wiederholt, bis der Hund verknüpft hat, dass das Markerwort die Belohnung ankündigt. Somit kann das Markerwort als Hilfsmittel eingesetzt werden, um den Hund exakt in dem Moment zu bestätigen, in dem er das gewünschte Verhalten zeigt.

Der Hintergrund des Trainings mit dem Markerwort ist, dem Hund die Möglichkeit zu geben, von sich aus etwas anzubieten und selbst nachzudenken, um dann für erwünschtes Verhalten eine Belohnung zu bekommen. Wenn Ihr Hund das Prinzip verstanden hat, wird er das Verhalten, für das er belohnt wurde, wiederholt anbieten. Wenn Sie bei einer Übung einen Schritt weiter gehen möchten, loben Sie das bisher gezeigte Verhalten nur noch mit einem Lobwort, wie z. B. »fein«, so signalisieren Sie Ihrem Hund, dass er auf dem richtigen Weg ist. Um wieder das Markerwort zu erhalten, muss er aber etwas weiter denken und mehr versuchen. So bauen Sie ein neues Verhalten schrittweise auf.

Ich würde Ihnen davon abraten, Ihren Hund mit dem Futter zu locken. Im ersten Moment scheint es so, als würde er das Verhalten schneller lernen, doch dadurch, dass der Hund nur Augen für das Futter hat, wird das Lernverhalten blockiert und der Hund führt die Übung nicht bewusst aus. Er lernt somit eigentlich langsamer, als wenn man sich die Zeit genommen hätte, ihm die Übung schrittweise zu zeigen.

Manche Hunde sind zunächst so stark auf den Futterbeutel fixiert, dass sie sich kaum auf die Übung konzentrieren können. In dem Fall legen Sie den Beutel ab und stecken ein paar Futterbrocken in die Hosentasche.

Um zu verhindern, dass Ihr Hund von dem Futter abgelenkt wird, sollte dieses erst nach dem Markerwort in die Hand genommen werden. Es bietet sich an, einen Futterbeutel an der Gürtelschlaufe zu befestigen, um die Belohnung nach der Bestätigung auch zeitnah geben zu können. Bei den meisten Hunden reicht das normale Futter als Belohnung aus.

Der Zeitpunkt, an dem Sie das Markerwort geben, ist entscheidend darüber, wie schnell Ihr Hund die Aufgabe versteht.

Hunde achten sehr genau auf Ihre Körpersprache und verstehen diese deutlicher als ein gesprochenes Wort. So lohnt es sich, die verschiedenen Kommandos auch mit Handzeichen zu trainieren.

Timing

Das Timing ist besonders wichtig, wenn es darum geht, ein Verhalten des Hundes zu formen. Wenn Sie es schaffen, Ihren Hund im richtigen Moment zu belohnen oder auch zu korrigieren, dann erleichtern Sie ihm das Verstehen der Übung enorm.

Das Markerwort muss genau in dem Moment erfolgen, in dem der Hund das Verhalten zeigt. Wenn Ihr Hund z.B. die Hand anstupst, muss das Markerwort ertönen, solange er noch die Hand berührt. Erfolgt die Bestätigung zu früh, wenn er die Hand noch nicht ganz berührt, würde der Hund lernen, dass es ausreicht, nur kurz zur Hand zu schauen. Erfolgt die Bestätigung zu spät, also erst dann, wenn der Hund den Kontakt zur Hand schon wieder beendet hat, dann würde er in Zukunft den Kontakt schneller abbrechen, um die Belohnung dafür zu erhalten.

Auch wenn es darum geht, den Hund zu korrigieren, ist der Zeitpunkt dafür sehr wichtig. Sobald Ihr Hund nicht länger neben Ihnen sitzen mag und aufsteht, müssen Sie ihn idealerweise genau dann stoppen, wenn er gerade im Begriff ist aufzustehen. Erfolgt die Korrektur hingegen erst, wenn der Hund schon am nächsten Grashalm schnüffelt, lernt Ihr Hund nicht, dass er nicht aufstehen sollte, sondern nur, dass das Schnüffeln nicht erwünscht ist.

Es ist überhaupt nicht tragisch, wenn das Timing mal nicht stimmt, denn schließlich brauchen Sie auch etwas Zeit, um sich an diese Trainingsvariante zu gewöhnen. Machen Sie es sich jedoch zur Regel, wenn Sie das Markerwort gegeben haben, obgleich es nicht zur rechten Zeit erfolgte, Ihrem Hund auch den Futterbrocken zu geben. Denn er versteht nicht, dass Sie eigentlich zu einem anderen Zeitpunkt bestätigen wollten. Haben Sie den richtigen Moment verpasst, loben Sie mit Worten.

Signaleinführung

Hunde achten generell mehr auf unsere Körpersprache als auf das gesprochene Wort. Ich nehme an, dass jeder, der einen Hund hat, weiß, dass der gestreckte Zeigefinger für das Kommando »Sitz« gezeigt wird oder die flache Hand für »Platz«. Doch es reicht nicht aus, wenn dies jeder Hundehalter weiß, denn das Wichtigste ist, dass auch Ihr Hund diese Zeichen versteht. Mit ein bisschen Übung wird Ihr Hund schnell lernen, was Sie von ihm möchten, wenn Sie ihm das entsprechende Signal geben. Ein nonverbales Signal, z.B. der gestreckte Zeigefinger für das Kommando »Sitz« oder die Faust für das Kommando »Verbeugen«, wird eingeführt, sobald der Hund das gewünschte Verhalten mit einer Hilfestellung, wie dem Folgen der führenden Hand, zuverlässig ausführt. So ist die Möglichkeit gegeben, ein bestimmtes Verhalten abzufragen und dem Hund hierdurch eine Hilfestellung zu geben.

Zusätzlich zum nonverbalen Signal können Sie auch ein Wortsignal einführen. Denn es liegt in der Natur des Menschen, dass wir gerne mit unseren Hunden reden. Wenn Ihr Hund gerne mitmacht und gelernt hat, was Ihre Worte bedeuten, kann er sogar lernen, nur auf das Wortsignal zu hören. Jedoch wird er weiterhin auf Ihre Körpersprache achten und im Zweifelsfall eher auf Ihren Körper reagieren als auf Ihre Stimme. Das Wortsignal wird bei den meisten Übungen erst nach dem nonverbalen Signal eingeführt. Erst wenn der Hund auf das Signal zuverlässig das gewünschte Verhalten zeigt, wird das Wort kurz vor dem Signal gesagt, damit eine Verknüpfung erfolgen kann. Nach vielen Wiederholungen sollte für Ihren Hund schon das Wort ein Signal für das Ausführen der gewünschten Handlung sein. Sobald das klappt, können Sie das Körpersignal Schritt für Schritt abbauen.

Mensch und Hund sehen manchmal unterschiedliche Bedeutungen in einem Signal. So kommt es vor, dass sich der Hund ungewollt bedrängt fühlt und nicht versteht, was Sie von ihm möchten.

Wichtig ist, darauf zu achten, keine unbewussten Hilfen zu geben. Diese nimmt der Hund auch wahr, wenn sie nur sehr gering sind. Heben Sie z. B. unbewusst die Schulter, während Sie das Signal zum Im-Kreis-Drehen geben, dann kann es sein, dass Ihr Hund Sie nicht versteht, wenn Sie die Schulter einmal nicht heben.

Bewusste Kommunikation

Wenn Sie mit Ihrem Hund kommunizieren und dabei eine bestimmte Reaktion von ihm erwarten, gilt es darauf zu achten, dass Sie ihm klar und deutlich mitteilen, was Sie von ihm möchten. Dazu gehört auch, dass die verbalen und nonverbalen Signale übereinstimmen. Auch bei den Grundkommandos wie Sitz und Platz ist es wichtig, dass Ihre Körperhaltung auch zu dem verbalen Kommando passt. Wenn Sie »Sitz« sagen und aufrecht stehen bleiben, ist dies für den Hund eindeutig zu verstehen. Wenn Sie allerdings »Sitz« sagen und Ihren Oberkörper nach vorne beugen, kann Ihr Hund dies als Aufforderung zum Hinlegen verstehen.

Genauso verhält es sich beim Heranrufen des Hundes. Wenn Sie ihn mit freundlicher Stimme rufen, Ihren Körper allerdings nach vorne beugen, sagen Sie verbal »Komm bitte zu mir«, nonverbal vermitteln Sie jedoch »Bleib genau dort, wo du bist«. Auch der Klang der Stimme ist für den Hund sehr aussagekräftig. Wenn Sie mit tiefer, dunkler Stimme rufen, wird er es eher meiden, in Ihre Nähe zu kommen. Heben Sie die Stimme jedoch etwas an und rufen freundlich, so wird sich auch das Verhalten Ihres Hundes anpassen. Ein fröhliches Wort wirkt lobend und einladen. Ein ernstes Wort kann ausreichen, um den Hund zu korrigieren. Achten Sie darauf, dass sich die verschiedenen Signale beim Hunde-IQ-Training deutlich voneinander unterscheiden. Weiterhin gilt es zu bedenken, dass Sie mit Ihrem Hund auch dann kommunizieren, wenn Sie nichts Bestimmtes zu ihm sagen.

Sinnvolle Futtergabe

Bei den einzelnen Übungsbeschreibungen im Buch wird angegeben, welche Futtergabe sinnvoll ist. Trotzdem hier ein paar kurze Ausführungen, wie man die Futtergabe als Belohnung sinnvoll einsetzen kann.

Wenn Ihr Hund beim Hunde-IQ-Training ein Leckerchen verdient hat, können Sie dieses gleich dazu nutzen, um ihn wieder in eine günstige Ausgangsposition zu führen, um mit dem Training fortzufahren. Bei der Übung »im Slalom durch die Beine laufen« müssen Sie den Hund zu Beginn immer wieder auf die Startseite zurückführen. Nach dem Markerwort holen Sie also das Leckerchen aus dem Beutel, geben dies jedoch erst, wenn Ihr Hund wieder in der Ausgangsposition steht. Dabei darf er dann auch der Hand mit dem Futter folgen.

Wenn Ihr Hund lernen soll, in einer Position zu verharren, ist es anfangs sinnvoll, das Futter in dieser Position zu geben. Dies bietet sich beispielsweise beim Aufbau des Fußlaufens an. Damit Ihr Hund nicht nach jeder Bestätigung nach vorne springt, um den Beutel anzuschauen, wo sein Leckerchen rausgeholt wird. Üben Sie zunächst das Stehenbleiben neben dem Fuß und belohnen Sie ihn auch in dieser Position. Bei Übungen, wie dem Rückwärtslaufen, die aus dem Stand begonnen werden, ist es sehr hilfreich, dass Sie ihm Futter geben, wenn er steht. Denn für den Hund ist es schwer, aus der sitzenden Position auf die Idee zu kommen, dass er rückwärtslaufen könnte.

Wenn es erforderlich ist, den Hund bei einer Übung wie dem Schließen einer Schublade auf Abstand zu bringen, um von vorne zu beginnen, dann wird das Futter über den Boden gerollt. Diese Methode ist auch geeignet, um den Hund wieder aufzulockern. Bei ruhigen Hunden wirkt das aufmunternd. Bei aktiven oder etwas hibbeligen Hunden gibt das eine Gelegenheit, die überschüssige Energie loszuwerden.

Das Auflösesignal

Beim Training und im Alltag ist es äußerst praktisch, wenn der Hund gelernt hat, auch unter größter Ablenkung sitzen zu bleiben und geduldig zu warten bis das Auflösesignal ertönt. Es bringt mir nicht viel, wenn meine Hunde ohne Ablenkung Minuten lang warten können, jedoch aufspringen, sobald ein interessanter Umweltreiz auftritt. Denn wenn es keine Ablenkung gibt, gibt es ja eigentlich auch keinen Grund zu warten. Wenn ich jedoch mit sechs Hunden über einen Feldweg laufe und einem anderen Spaziergänger begegne, muss ich mich darauf verlassen können, dass alle sicher sitzen und nicht nach Lust und Laune wieder aufstehen.

Damit auch Ihr Hund nicht selbst entscheidet, wann er ein Verhalten auflöst, geben Sie ihm zum Ende der Aufgabe ein Auflösesignal wie »Lauf«. Steht er jedoch auf, bevor Sie das Signal dafür gegeben haben, sagen Sie »Nein«, damit Ihr Hund sofort merkt, dass dies nicht richtig ist. Nun geben Sie ihm wieder das vorherige Kommando, warten einen kleinen Moment, und bevor er dazu kommt, wieder aufzustehen, loben Sie ihn und geben das Auflösesignal.

Wenn es im Training z. B. darum geht, dass Ihr Hund Fuß läuft, bestätigen Sie ihn mit dem Markerwort und geben ihm danach seine Belohnung. Sofern Sie nun loslaufen möchten, geben Sie wieder das Kommando »Fuß«. Ist jedoch die Übung beendet, erhält Ihr Hund das Auflösesignal. Auch bei anderen Tricks, die Sie Ihrem Hund beibringen, erleichtern Sie ihm das Bleiben in der Position, wenn er lernt, dass er nach dem Markerwort darauf warten muss, ob Sie ihn mit dem Signal freigeben oder ob er ein neues Kommando erhält.

Eine deutliche Handbewegung und das Wortsignal »Okay« lösen das vorherige Kommando auf und zeigen Ihrem Hund, dass die Übung beendet ist.

Die Basis-kommandos

Mit den Basiskommandos finden Sie den Einstieg in das Hunde-IQ-Training und legen die Grundlage für Übungen auf hohem Niveau.

Das Training beginnt

Nachdem Sie nun herausgefunden haben, welche Interessen und Begabungen Ihr Hund hat, und Sie sich auch schon mit den wichtigsten Regeln für Alltag und Training auseinandergesetzt haben, können Sie nun mit dem Hunde-IQ-Training beginnen. In diesem Kapitel möchte ich Ihnen zunächst die Basiskommandos vorstellen, die für das weitere Training und das Zurechtkommen im Alltag fast unerlässlich sind und Ihrem Hund die Möglichkeit geben, das Prinzip des Hunde-IQ-Trainings zu verstehen. Das Training der Basiskommandos kann Ihnen und Ihrem Hund genauso viel Freude bereiten wie das Einstudieren komplizierter Kunststückchen.

Ein lockeres Spiel und fröhliches Verhalten fördern die Aufmerksamkeit und machen Sie als Trainingspartner interessanter.

Auch Übungen wie Fußlaufen und Sitzenbleiben können so aufgebaut und trainiert werden, dass keine Langeweile aufkommt.

Grundlagen der Kommunikation

Für ein unkompliziertes und harmonisches Zusammenleben ist es maßgeblich, dass die Haltung den Bedürfnissen des Hundes gerecht wird. Dazu gehören auch die rassespezifische Auslastung und die klare Kommunikation mit dem Hund: Halter und Hund müssen lernen, einander zu verstehen. Darüber hinaus sind ein einfühlsamer Umgang, konsequentes Verhalten und ein sicherer Grundgehorsam Grundlage für ein funktionierendes Miteinander.

Aufmerksamkeit fördern

Für eine klare Kommunikation ist die Grundvoraussetzung, dass Sie Aufmerksamkeit von Ihrem Hund erhalten. Denn wenn Ihr Hund abgelenkt ist, wird es ihm schwerfallen, auf Sie zu achten und etwas zu lernen. Wichtig für die Förderung der Aufmerksamkeit ist das Anschauen. Ein sanfter Blickkontakt ermöglicht es Ihnen, mit dem Hund über feinste Signale zu kommunizieren. Es lohnt sich, den Hund zu loben, wenn er von sich aus Blickkontakt mit Ihnen aufnimmt, denn dies bedeutet, dass er an Sie denkt.

Wenn Ihr Hund noch am Grashalm schnüffelt, während Sie ihm irgendwelche Kommandos hinterherrufen, mag es sein, dass er Sie hört. Doch die Chance, dass er diese auch ausführt, ist klein. Bevor Sie Ihrem Hund also ein Signal geben, sollten Sie ihn mit seinem Namen ansprechen und warten, bis er Sie anschaut. So stellen Sie sicher, dass er nicht noch mit anderen Sachen beschäftigt ist und das Signal auch richtig versteht. Es gibt Hunde, die in alle möglichen Richtungen schauen, nur nicht zu Ihrem Besitzer. Wenn dies bei Ihrem Hund der Fall ist, können Sie eine Übung machen, mit der Sie den sanften Blickkontakt fördern.

Den sanften Blickkontakt üben

Sie können Ihrem Hund beibringen, auf Kommando mit Ihnen Blickkontakt aufzunehmen. Achten Sie jedoch darauf, dass Sie ihn nicht anstarren, dies würde eher bedrohlich auf ihn wirken. Zunächst ist der Blick des Hundes in Ihre Richtung schon viel wert. Um das Anschauen auf Kommando zu üben, nehmen Sie ein Leckerchen in die Hand und stellen sich vor Ihren Hund. Nun strecken Sie den Arm zur Seite weg. Zunächst wird Ihr Hund mit seinem Blick der Hand mit dem Leckerchen folgen oder vielleicht sogar hochhüpfen und versuchen, an Ihre Hand zu kommen. Bleiben Sie ganz ruhig und warten Sie so lange, bis er für einen kurzen Moment in Ihre Richtung schaut. Genau dann, wenn er seinen Kopf zu Ihnen dreht, geben Sie das Markerwort. Anschließend erhält er auch die Belohnung aus der gestreckten Hand.

Wenn Ihr Hund das Spiel verstanden hat und sofort zu Ihnen schaut, wenn Sie die Hand ausstrecken, dann können Sie die Dauer des Blickkontaktes langsam erhöhen. Strecken Sie dazu den Arm wieder zur Seite weg und geben das Kommando »Schau«. Wenn er zu Ihnen schaut, loben Sie ihn mit der Stimme, hält er dann den Blickkontakt aufrecht, erfolgt wieder das Markerwort. Für eine erneute Steigerung der Übung können Sie damit beginnen, eine Futterschüssel auf den Boden zu stellen, die in dem Fall als Ablenkung dient. Nun geben Sie wieder das Kommando zum Anschauen und warten, bis sich Ihr Hund von der Futterschüssel abwendet und zu Ihnen schaut. Diese Übung wird weiter ausgebaut, sobald Sie sich der Aufmerksamkeit Ihres Hundes sicher sind. Geben Sie ihm, nachdem er Blickkontakt aufgenommen hat, ein Kommando, das er gut kennt, z. B. »Sitz«. Sobald er dies ausführt und Sie wieder anschaut, darf er auf Ihr Signal hin die Belohnung aus der Futterschüssel nehmen. Ihr Hund lernt auf diese Weise, dass er schneller zum Erfolg kommt, wenn er aufmerksam ist und zu Ihnen schaut.

Wer kann schon dem neugierigen Blick eines Hundes widerstehen? Manche Hunde müssen noch lernen, dass der Blickkontakt zum Erfolg führt.

Die Grundkommandos

Hunde, die früh an das systematische Hunde-IQ-Training herangeführt werden, lernen oft sehr schnell und sind sehr kreativ. In dem ersten Jahr ist es wichtig, darauf zu achten, im Training nicht zu schnell vorwärts zu gehen. Ein gut aufgebauter Hund benötigt Zeit und Geduld. Die Basiskommandos müssen schrittweise erlernt und in den unterschiedlichsten Situationen gefestigt werden. Erst dann kann der Hund dieses Kommando sicher ausführen. Ich habe zum Beispiel mit meiner kleinen Hündin Ava den Aufbau der Übungen zuerst im Haus trainiert, anschließend im Garten geübt und dann an den Orten, die wir für die Entdeckungstouren aufsuchten. Ab der dritten Woche steigerte ich auch die Ablenkung langsam.

Das Anstupsen der Hand ist die Grundlage für viele weitere Übungen. Warten Sie, bis Ihr Hund von sich aus Ihre Hand berührt. Jegliches Entgegengehen würde das Gegenteil bewirken.

Die Hand anstupsen

Bei dieser Aufgabe lernt Ihr Hund, Ihre Hand mit seiner Nase anzustupsen. Das Kommando nenne ich »Stups« und es ist das erste Signal, das ich einem Hund beim Hunde-IQ-Training beibringe. Denn wenn ein Hund erst einmal gelernt hat, einer Hand zu folgen, bis er diese berührt, hat man die Möglichkeit, ihn ohne Schwierigkeiten in viele verschiedene Positionen zu führen. Das Leiten mit der Hand kann außerdem das Locken mit dem Futter ersetzen.

Der Aufbau

Ist Ihr Hund noch klein, dann knien Sie sich zu ihm hinunter. Bei größeren Hunden können Sie auch stehen bleiben. Nun führen Sie Ihre lockere Handfläche Richtung Hundekopf. Dabei ist es wichtig, dass Sie Ihren Hund nicht mit der straffen Hand bedrängen oder sogar anstupsen, denn das Ziel ist es ja, dass Ihr Hund auf Ihre Hand zu kommt und sich bei dieser Übung auch wohlfühlt. Die meisten Hunde sind neugierig und heben ihre Nase direkt an die Hand. Genau in dem Moment, wenn Sie die Nase Ihres Hundes an Ihrer Hand spüren, sagen Sie das Markerwort. Dann bietet es sich an, die Hand dort zu lassen und das Futter aus der anderen Hand zu geben.

Ist Ihr Hund interessiert bei der Sache und stupst Ihre Hand an, sobald diese in Reichweite kommt, können Sie die etwas seitlich weg bewegen, sodass Ihr Hund zuerst der Hand folgen muss, um diese wieder zu berühren. Nun ist es an der Zeit, das Wortsignal einzuführen. Bevor Sie Ihre Hand zum Anstupsen hinhalten, geben Sie das Kommando »Stups«.

Die Futtergabe

Bei der Futtergabe haben Sie verschiedene Möglichkeiten. Wenn Sie Ihren Hund etwas auf Abstand bringen möchten, dann rollen Sie das Futter über den Boden, oder Sie geben es einfach aus der Hand und entfernen ihn damit etwas von der Hand, die er anstupsen soll. Wenn er dazu neigt, sich nach jeder Übung hinzusetzen, dann empfehle ich Ihnen, das Futter so zu geben, dass Ihr Hund aufsteht. Denn dann wird er leichter auf die Idee kommen, der Hand zu folgen.

Sitz und Bleib

Das Kommando »Sitz« lernt nahezu jeder Hund. Doch die wenigsten Hunde wissen, was genau von Ihnen erwartet wird. Im Welpenalter lernt ein Hund, dass er eine Belohnung bekommt, wenn er sich hinsetzt. Der Besitzer ist mit seinem jungen Hund zufrieden und geht davon aus, dass er nun das Signal »Sitz« kann. Doch er versteht es noch gar nicht richtig, er tut es nur. Denn bevor Ihr Hund ein Kommando wirklich sicher beherrscht, muss dieses erst in zahlreichen unterschiedlichen Situationen und Variationen durchgeführt werden. Angefangen vor der Futterschüssel bis hin zum Sitzen und Warten, während es an der Tür klingelt. Erst wenn er unter den verschiedensten Ablenkungen sicher sitzt, weiß er wirklich, was von ihm erwartet wird. Geben Sie Ihrem Hund Zeit, und bauen Sie die Übungen in so kleinen Schritten auf, dass Ihr Hund diese sicher bewältigen kann.

Der Aufbau

Wenn Ihr Hund das Anstupsen der Hand bereits kennengelernt hat, können Sie nun die Hand etwas über seine Nase nach hinten führen. Wenn er Ihrer Hand folgen möchte, ist es angenehmer für ihn, sich zu setzen. Sobald er sitzt, erfolgt das Markerwort und er bekommt sein Leckerchen. Sofern sich Ihr Hund sicher hinsetzt, formen Sie die Hand zur Faust und strecken den Zeigefinger nach oben. Nun führen Sie die Hand langsam etwas über den Kopf des Hundes. Nach einigen Wiederholungen wird er bald lernen, sich hinzusetzen, sobald er den gestreckten Zeigefinger sieht.

Nun ist es an der Zeit, ein Wortsignal einzuführen. Zuerst sagen Sie »Sitz«, erst dann zeigen Sie Ihrem Hund wieder den Zeigefinger. Nach mehreren Trainingseinheiten sollte er das Wortsignal verstanden haben. Unter Ablenkung wird er zunächst sicher noch Ihre Hilfe mit dem Zeigefinger benötigen. Wenn es so weit ist, dass Ihr Hund das Signal verstanden hat, gehen Sie noch einen Schritt weiter, indem Sie die Dauer des Sitzenbleibens erhöhen. Hierzu geben Sie das Signal zum Hinsetzen und bleiben vor Ihrem Hund stehen. Zunächst erfolgt die Bestätigung nach etwa drei Sekunden. Ist er ruhig sitzen geblieben, kann die Dauer in den nächsten Wochen bis auf mehre-

Bei den ersten Versuchen führen Sie die Hand langsam über den Kopf des Hundes, sodass er leicht folgen kann. Wenn er sich dann hinsetzt, strecken Sie den Zeigefinger und geben das Wortsignal »Sitz«.

re Minuten verlängert werden. Wenn Ihr Hund aufsteht, können Sie ihn genau in dem Moment korrigieren, wenn er sein Hinterteil anhebt. Ist er erst drei Schritte gelaufen, bevor Sie reagieren, ist es für eine effiziente Korrektur schon zu spät.

Distanz

Voraussetzung für das Bleiben in der Sitzposition ist, dass Ihr Hund das Kommando »Sitz« bereits kennt und auch schon für mehrere Sekunden sitzen bleibt. Ist das der Fall, können Sie damit beginnen, sich von Ihrem Hund wegzubewegen.

Bei dieser Übung sitzt Ihr Hund zunächst vor Ihnen. Nun zeigen Sie ihm die ausgestreckte Handfläche als Wartesignal und gehen einen kleinen Schritt rückwärts und dann direkt wieder vor. Sobald Sie wieder in der Ausgangsposition stehen, erfolgt die Bestätigung. Wenn Ihr Hund ruhig sitzen geblieben ist, kann die Distanz auf drei Schritte erweitert werden. Wenn Sie verhindern möchten, dass Ihr Hund dabei aufsteht, ist es besonders wichtig, dass Sie erst zurückgehen, danach das Markerwort geben und erst dann das Futter aus dem Beutel nehmen.

Wenn Ihr Hund ständig aufsteht, sobald Sie sich entfernen, lohnt es sich, noch mal das Sitzen zu üben, während Sie bei ihm bleiben und sich nur leicht abdrehen.

Wenn Ihr Hund aufsteht, bevor das Markerwort gegeben wird, ist es ratsam, in der nächsten Einheit noch einmal eine leichtere Übung zu machen, damit er wieder zum Erfolg kommt.

In einer anderen Trainingseinheit können Sie die Distanz vergrößern. Der schwierigste Teil beim Aufbau der Distanz sind die ersten zwei Schritte, bei denen der Hund oft geneigt ist aufzustehen. Setzen Sie Ihren Hund zunächst vor sich ab und schauen Sie einen Moment zur Seite. Anschließend drehen Sie sich mit dem Körper zur Seite ab und direkt wieder zurück. Das Abwenden steigern Sie bis hin zu einer halben Drehung. Wenn Ihr Hund auch dabei aufmerksam sitzen bleibt, ist es an der Zeit, die Distanz zu vergrößern. Zunächst nur einen halben Schritt. Ein häufiger Fehler bei dieser Übung ist, zu schnell fortzuschreiten oder zu viel Spannung für den Hund aufzubauen – die Wahrscheinlicheit, dass er nicht sitzen bleibt, ist dann sehr hoch.

Sobald Ihr Hund auf gewünschter Distanz sitzen bleibt, kann auch die Position verändert werden, sodass er neben Ihnen sitzt oder Sie ihm beim Weggehen den Rücken zudrehen. Zu beachten ist, dass Distanz und Dauer nicht gleichzeitig erhöht werden sollten, sondern nacheinander. Das bedeutet, wenn die Dauer aufgebaut wird, bleiben Sie zunächst beim Hund. Wenn die Distanz vergrößert wird, gehen Sie unverzüglich zurück.

Sitz und Bleib unter Ablenkung

Das Kommando »Sitz« kann vom Menschen, aber auch vom Hund sehr vielfältig ausgelegt werden. Bei den sogenannten Steadiness-Übungen geht es darum, dass Ihr Hund sitzt, ganz gleich, was um ihn herum passiert. Und zwar so lange, bis das Kommando mit einem Signal von Ihnen aufgehoben wird. Die Steadiness-Übungen können in zahlreichen unterschiedlichen Situationen und Variationen durchgeführt werden. Sie werden sehen, wie angenehm es ist, wenn Ihr Hund im Alltag und beim Training bei Ablenkung sitzen bleiben kann.

Aufbau

Zunächst bietet es sich an, das Sitzenbleiben vor der Futterschüssel zu üben.

Nehmen Sie bei der ersten Trainingseinheit die leere Schüssel in Ihre Hand. Nun geben Sie Ihrem Hund wie gewohnt das Signal zum Hinsetzen, stellen sich etwas seitlich hin und zeigen mit der Hand, die näher am Hund ist, das Bleibsignal. Mit der anderen Hand stellen Sie die Futterschüssel auf den Boden, ohne diese loszulassen, und heben sie wieder auf. Ist der Hund sitzen geblieben, geben Sie ihm das Markerwort. Diese Übung sollte für Ihren Hund schon keine Schwierigkeit mehr darstellen, wenn er Sitz auf Distanz und für längere Zeit beherrscht.

Nun kommt ein größerer Ablenkungsfaktor hinzu. Füllen Sie nun etwas Futter in die Schüssel hinein. Sie führen die Futterschüssel aber erst zum Boden, wenn sich Ihr Hund beruhigt hat. Sie müssen die Schüssel also nicht gleich beim ersten Versuch abstellen. Gehen Sie besser in kleinen Schritten vor. Wenn die Schüssel erst einmal auf dem Boden steht, richten Sie sich kurz auf und zeigen weiterhin – wie bei der ersten Übung auch – das Bleibsignal. Anschließend heben Sie die Schüssel wieder

Vor jeder Fütterung können Sie das »Sitzen vor der Futterschüssel« üben. So lernt Ihr Hund ganz nebenbei gute Essmanieren.

Der Reiz, etwas Fliegendem hinterherzurennen, ist bei spielmotivierten Hunden sehr groß. Somit muss das Warten auch bei den Apportierübungen sicher aufgebaut werden.

auf und geben das Markerwort. Das Markerwort erfolgt also erst dann, wenn Ihr Hund mehrere Sekunden sitzen bleibt. Im Anschluss geben Sie sofort das Auflösesignal, damit Ihr Hund die Belohnung aus der Schüssel fressen kann.

Wenn das Sitzen über einen längeren Zeitraum ohne Ablenkung und das Sitzen vor der Futterschüssel bereits erfolgreich geübt wurden, können Sie zur nächsten Übung weitergehen. Meine Hündin Ava spielt sehr gerne, bevor jedoch jemals ein Spielzeug durch die Luft flog, übte ich als Erstes das Warten beim Anblick von Spielzeug. Zuerst saß Ava dafür neben mir. Ich legte ein Spielzeug auf dem Boden ab und sie musste warten und sitzen bleiben. Im Weiteren ließ ich das Spielzeug fallen oder brachte dieses weg. Ava stand während der Übungen kein einziges Mal auf, da sie bereits gelernt hatte, auf das Markerwort zu warten. Dann warf ich das Spielzeug weg, sammelte es jedoch selbst wieder ein. So lernte Ava, trotz großer Vorfreude und Ablenkung ruhig sitzen zu bleiben. Als sie etwa fünf Monate alt war, konnte ich sogar bereits mehrere Tennisbälle neben und über sie werfen oder vor ihre Füße rollen – sie blieb sitzen und schien dabei richtig stolz zu sein. Ihr Hund kann das auch lernen.

Sitzt Ihr Hund schon fast wie angeklebt und wartet auf Ihr Auflösesignal? Dann ist es Zeit für eine schwierigere Übung. Sitzen zu bleiben, während das Dummy über den Kopf hinweg fliegt, ist eine besondere Herausforderung.

Nehmen Sie dafür ein Spielzeug, an dem Ihr Hund Interesse zeigt, z. B. ein Dummy. Machen Sie eine Wurfbewegung, ohne jedoch das Dummy wegzuwerfen. Wenn Ihr Hund bei dieser Bewegung sitzen bleibt, erhält er das Markerwort. Anschließend werfen Sie das Spielzeug nach vorne. Besonders bei Hunden, denen es schwerfällt, ruhig sitzen zu bleiben, ist es sinnvoll, das Geworfene selbst wieder aufzuheben, um die Erwartungshaltung etwas zu entspannen.

Wenn auch Ihr Hund schon ein kleiner Profi im Warten ist, können Sie die Ablenkung noch weiter steigern. Setzen Sie ihn ab und entfernen Sie sich ca. zwei Meter von ihm. Nun werfen Sie ein Dummy in etwa zwei Meter Entfernung neben den Hund. Wenn er ruhig sitzen bleibt, geben Sie ihm ein Lobwort und gehen Sie zu ihm zurück. Erst wenn Sie wieder vor ihm stehen, erfolgt das Markerwort. Falls Ihr Hund aufstehen sollte, wiederholen Sie diese Übung noch einmal. Eine Schleppleine, mit der Sie den Hund davon abhalten können, an das Dummy zu gelangen, oder eine Hilfsperson, die das Dummy aufnimmt, kann hilfreich sein, wenn Ihr Hund noch nicht zuverlässig sitzen bleibt.

Wenn er ruhig bleibt, obwohl das Dummy neben ihm auf den Boden fällt, können Sie ein weiteres Dummy auf die andere Seite werfen – also ein Dummy links und ein Dummy rechts vom Hund. Gehen Sie wieder zu ihm hin, um ihn für das Warten zu belohnen, bevor Sie die Dummys selbst einsammeln. Die nächste Variante ist, das Dummy auch über den Hund zu werfen, sodass es aus seinem Gesichtsfeld verschwindet. Wenn er auch dann sicher sitzen bleibt, egal, wo das Dummy landet, dann können Sie damit beginnen, Ihren Hund mit dem bereits gefestigten Rückrufwort zu sich zu rufen, um ihn dann mit einem Spiel zu belohnen.

Platz und Bleib

Das Kommando »Sitz« verwende ich im Alltag oder beim Training, sofern die Aufmerksamkeit vom Hund gefordert wird. Das Ablegen mit »Platz« hingegen setze ich ein, wenn der Hund warten und entspannen darf. Daher habe ich das Liegenbleiben unter Ablenkung anders aufgebaut als das Sitzenbleiben.

Aufbau

Mit einem Welpen können Sie die Platzübung starten, indem Sie das Hinlegen im Spiel üben. Knien Sie sich am Anfang zu Ihrem Hund und spielen Sie ein wenig mit den Händen. Wenn er motiviert ist und sich auf das Spiel einlässt, können Sie damit beginnen, aus dem Spiel heraus Ihre Hand auf dem Boden ruhen zu lassen. Sobald sich Ihr Hund ablegt und in der Platzposition ist, erfolgt das Markerwort. Das Leckerchen geben Sie am besten, wenn er in der liegenden Position ist, um das Warten von Anfang an zu fördern. Anschließend geben Sie das Auflösesignal und das Spiel geht weiter. Eine weitere Möglichkeit ist, den Hund im Spiel unter dem flach gestreckten Bein herzulocken, sodass er darunter her kriecht und abliegt.

Wenn Ihr Hund dieses Spiel verstanden hat, können Sie, wie auch mit einem erwachsenen Hund, mit folgender Übung das Hinlegen aufbauen. Zuerst lernt Ihr Hund, dass die flache Hand, die auf dem Boden ruht, das Signal zum Hinlegen ist. Das Wortsignal »Down« (oder »Platz«) wird erst gegeben, wenn sich der Hund sicher auf das Handzeichen hin hinlegt. Im nächsten Schritt stehen Sie vor dem Hund und geben das Kommando »Down« verbunden mit dem Handsignal. Die Hand wird bis zum Boden geführt. Wenn Ihr Hund zögert, können Sie anfangs eine weitere Hilfe geben, indem Sie sich wieder hinknien und die Hand auf den Boden legen. Im nächsten Schritt werden die Hilfssignale dann langsam

Zuerst bringen Sie Ihren jungen Hund spielerisch dazu, dass er sich hinlegt. Wenn er dies tut, sobald die flache Hand auf dem Boden ruht, bekommt er das Markerwort.

Im Weiteren führen Sie die Hand nicht mehr bis zum Boden, sondern zeigen das Signal zum Hinlegen bei jeder weiteren Einheit etwas höher an.

Das Ziel ist erreicht, wenn sich Ihr Hund hinlegt, sobald Sie das Handsignal zeigen oder das Wortsignal geben.

abgebaut. Sie geben zunächst wieder das Signal »Down« und bleiben stehen, nun führen Sie die Hand nur noch ein Stück weit zum Boden und warten, bis Ihr Hund abliegt.

Die übliche Variante, den Hund mit Leckerchen in die liegende Position zu locken, hat den Nachteil, dass der Hund meist wartet, bis Sie ein Leckerchen zücken und dieses zu Boden ziehen, oder dass er sich nur sehr langsam hinlegt. Beim Hunde-IQ-Training darf Ihr Hund zuerst mitdenken und zeigen, was er kann, statt nur dem Lockmittel Futter zu folgen.

Platz auf Distanz

Nachdem Ava die ersten sechs Wochen im neuen Zuhause gelernt hatte, was die Basiskommandos bedeuten, habe ich angefangen, ihr das Bleiben an einem bestimmten Ort beizubringen. Hierzu habe ich mich auf die Couch gesetzt und Ava für die erste Trainingseinheit an die Leine genommen. Nun legte ich Ava auf einer Decke vor der Couch ab. Wenn sie aufstand, habe ich nichts weiter getan, als die Leine festzuhalten, bis sie sich wieder ablegte. Als sie die Übung verstanden hatte, nahm ich die Leine ab und entfernte den Liegeplatz jeden Tag etwas weiter von der Couch bis zu dem eigentlichen Ruheort. Dort legte ich sie auch ab, wenn ich mich im Raum bewegte. Ava war drei Monate später so weit, dass ich sie – während ich mit den anderen Hunden arbeitete – auf der Wiese ablegen konnte und sie sichtlich entspannt wartete. Mit dem gleichen Trainingsaufbau lernt auch Ihr Hund das Warten in der Platzposition, egal wo Sie sich befinden und für wie lange.

Hunde, die schon erwachsen sind und das Kommando »Sitz« besonders gut kennen, brauchen etwas mehr Zeit, um das Kommando »Steh« umzusetzen.

Steh

Für weiterführende Übungen, besonders im Bereich des Tricktrainings, ist das Kommando »Steh« sehr hilfreich. Ihr Hund lernt auf Kommando aus dem Sitz in die Stehposition zu gehen oder stehen zu bleiben, während Sie weitergehen.

Aufbau

Stellen Sie sich zunächst vor Ihren Hund und halten Sie Ihre Handinnenfläche mit den Fingerspitzen nach unten zeigend vor die Nase Ihres Hundes. Sobald er ruhig steht, erfolgt das Markerwort. Es bietet sich an, das Leckerchen auch in der stehenden Position zu geben. Erst wenn er einige Sekunden ruhig stehen bleiben kann, erhöhen Sie den Schwierigkeitsgrad, indem Sie einen Schritt zurückgehen. Verharrt Ihr Hund auch dann in der Stehposition, erfolgt das Markerwort. Setzt er sich jedoch hin, gehen Sie zurück und fordern ihn mit dem Kommando »Stups« auf, der Hand zu folgen, damit er wieder in die Standposition kommt.

Sofern Ihr Hund die Position »Steh« verstanden hat, kann er als Nächstes lernen, aus der Fußposition stehen zu bleiben. Nachdem er ein paar Schritte neben Ihnen Fuß gelaufen ist, bleiben Sie stehen. Halten Sie die Hand als Signal neben Ihr Bein, sodass er das Zeichen für »Steh« sehen kann. Bleibt er stehen, erfolgt die Bestätigung. Später können Sie damit beginnen, nach dem Kommando »Steh« selbst ein paar Schritte weiterzugehen, während Ihr Hund wartet muss. Im Weiteren können Sie, wie bei der Übung Sitz auch, wieder die Dauer und Distanz aufbauen.

Rückruf

Der Rückruf ist im Alltag und beim Training besonders wichtig und bedarf eines guten Trainingsaufbaus. Schon im Welpenalter kann der Hund auf einen Rückruf konditioniert werden, der für ihn bedeutet, dass er unverzüglich zurückkommen muss, egal in welcher Situation. Sie können mit der Pfeife arbeiten oder auch ein freundliches kurzes Kommando wie z. B. »Aki« verwenden.

Aufbau

Zunächst beginnen Sie damit, Ihren Hund auf das Kommando zu konditionieren. Bei dem Rückruf geht es darum, dass Ihr Hund freiwillig alles stehen- und liegenlassen soll, um sich seine Belohnung abzuholen. Der einfachste Weg, das zu erreichen, ist die Verknüpfung der Übung mit der täglichen Futterration. Nehmen Sie also das Futter mit in den Garten oder auf den Spaziergang.

Zunächst warten Sie ab, bis sich Ihr Hund leicht abwendet, aber keine besonders große Ablenkung vorhanden ist. Dann Rufen Sie »Aki« oder pfeifen zweimal und stellen die Futterschüssel auf den Boden. Bei dieser Übung ist es wichtig, den Ablenkungsgrad nur langsam zu steigern, sodass Sie gar nicht überlegen müssen, was Sie tun, wenn Ihr Hund nicht kommt. Auch im Training kann es passieren, dass die Ablenkung zu groß ist und Sie schon voraussehen können, dass Ihr Hund nicht kommen wird. In diesem Moment ist es in jedem Fall besser, nicht zu rufen, sondern selbst zum Hund zu gehen und ihn direkt zu holen oder etwas abzuwarten, bis er wieder aufnahmefähig ist. Wenn das Signal sicher aufgebaut wurde und Ihr Hund trotzdem einmal nicht unverzüglich zurückkommt, lassen Sie die Futterration für den Moment ausbleiben und starten erst zur nächsten Fütterungseinheit einen neuen Versuch unter weniger Ablenkung.

So lernt Ihr Hund sehr schnell, dass es von Vorteil ist, sofort zu Ihnen zurückzukommen.

Bleiben Sie aber dabei immer gerecht: Wenn die Übung einmal zu schwer war, sollten Sie in der nächsten Trainingseinheit darauf achten, dass Ihr Hund die Aufgabe auf jeden Fall bewältigen kann. Weiterhin sollten Sie ihm und sich selbst den Gefallen tun, mit freundlicher Stimme zu rufen. Sie werden merken, das macht das Training für Sie und Ihren Hund viel angenehmer.

Teilen Sie die Futterration in mehrere kleine Einheiten auf. So können Sie die Futterschüssel direkt nach dem Rückruf auf den Boden stellen und den Hund daraus fressen lassen. Das Training wäre auch mit einem Futterbeutel möglich.

Am Fuß laufen

Es ist keine Zauberei, einem Hund beizubringen, auch unter Ablenkung neben dem Bein des Menschen zu laufen. Es braucht lediglich gutes Training und eine konsequente Umsetzung, damit Ihr Hund überhaupt versteht, was Sie von ihm erwarten. Mit einem unbefangenen Welpen bietet es sich an, ihm ein Geschirr und eine Schleppleine von etwa 6 Metern anzulegen, wenn Sie ihm die Möglichkeit geben möchten, seine Umwelt zu erkunden, ihn dabei jedoch nicht ableinen können. Wichtig ist, dass Sie sich nicht von ihm ziehen lassen. Mit dem Geschirr darf er zwar schnüffeln gehen, aber er muss lernen, Ihre Geschwindigkeit zu respektieren.

Der Kontakt mit dem Bein hilft Ihrem Hund, beim Aufbau des Fußlaufens an der richtigen Position zu bleiben.

Stellen Sie sich folgenden Vergleich vor: wenn Sie Sportschuhe tragen, gehen Sie laufen, haben aber auch die Möglichkeit zu gehen. Wechseln Sie nun zu Ihren schönsten Schuhen mit Absatz – oder den besten Anzugschuhen –, würden Sie nie auf die Idee kommen, damit joggen zu gehen. Genau so verhält es sich mit dem Geschirr und dem Halsband. Ihr Hund kann schon als Welpe lernen, dass er, wenn er ein Halsband trägt, neben dem Menschen herlaufen muss. So hat Ihr Hund während der Fußarbeit permanent ein Signal, das ihn an seine Aufgabe erinnert, ohne dass Sie dies ständig mit Worten oder Leinenrucken tun müssten. Wichtig ist, dass Sie während des Aufbaus das Halsband sofort wieder abnehmen, wenn Sie die Übung beenden.

Aufbau

Zunächst beginnt die Übung des Fußlaufens ohne Leine. Mit den ersten Schritten können Sie im Haus beginnen. Die Regel heißt »7 Tage – 7 Schritte«. Bevor Sie anfangen, mit dem Hund gemeinsam vorwärtszugehen, sollte er die Fußposition sicher kennen und auch neben Ihrem Bein verharren können. Voraussetzung für diese Übung ist außerdem, dass Ihr Hund bereits der Hand folgen kann. Führen Sie ihn mit der linken Hand neben Ihr linkes Bein. Hierzu bewegen Sie Ihre Hand wie in U-Form von vorne links nach hinten links, machen einen Bogen zu Ihrem Bein und dann nach vorne. So führen Sie Ihren Hund eng an Ihr Bein heran. Das Markerwort erfolgt in dem Moment, wenn er mit dem Schulterblatt Ihr Bein berührt. Sobald er sich neben

Ihnen wohlfühlt und den Beinkontakt über mehrere Sekunden hält, kann mit dem gemeinsamen Gehen begonnen werden.

Führen Sie Ihren Hund wieder in die Ausgangsposition neben Ihr Bein und bewegen Sie sich anschließend einen Schritt nach vorne. Wenn er der Bewegung folgt, bestätigen Sie ihn und gehen wieder rückwärts. Dann heißt es wieder zurück in die Ausgangsposition und alles noch einmal von vorn. Nach zwei bis drei Minuten sollten Sie Ihrem Welpen eine kleine Spielpause gönnen.

Macht Ihr Hund interessiert mit und hat der erste Schritt gut funktioniert, können Sie am zweiten Tag bereits einen weiteren Schritt machen – im wahrsten Sinne des Wortes. Beginnen Sie zunächst mit der Übung vom Vortag. Wenn dies klappt, machen Sie einen zweiten Schritt und bestätigen Ihren Hund, sofern er noch neben Ihnen ist. So gehen Sie dann jeden Tag einen Schritt weiter – daher auch die Regel »7 Tage – 7 Schritte«.

Wichtig ist, dass Sie Ihren Hund direkt zum Mitkommen animieren und er nicht erst aufrückt, wenn Sie wieder stehen. Weiterhin ist auch darauf zu achten, dass Sie dem Hund nicht entgegengehen, um den Kontakt aufzubauen. Die Reaktion des Hundes wäre dann nämlich, dass er versucht, dem Bein auszuweichen. Wenn Sie merken, dass Ihr Hund noch Mühe hat, neben Ihnen zu bleiben, dann lassen Sie sich lieber etwas länger Zeit.

Sofern das Training in der ersten Woche im Haus absolviert wurde und Ihr Hund die Übung verstanden hat, beginnen Sie draußen von vorne und lassen sich wieder eine Woche Zeit. Erst danach kommt langsam Ablenkung mit ins Spiel. Hierbei ist es besonders wichtig, ein paar Trainingsschritte zurück zu gehen, um Ihrem Hund die Möglichkeit zu geben, am Erfolg zu arbeiten. Wenn Sie ihn mehrmals korrigieren müssen, dann war es noch zu früh für den nächsten Schritt.

Eine weitere Trainingseinheit ist das Einführen von Links- und Rechtsdrehungen. Gehen Sie einen Schritt geradeaus und drehen Sie sich hiernach im rechten Winkel vom Hund weg. Sobald Ihr Hund aufschließt und das Bein berührt, erfolgt die Bestätigung. Sie können Ihren Hund beim Aufbau des Winkels noch mal mit der Hand in die richtige Position führen.

Wenn Sie dazu übergehen, das Fußlaufen mit Leine zu trainieren, starten Sie mit der Wiederholung der ersten Übungen.

Fußlaufen mit Leine

Der schrittweise Aufbau der Übung »Am Fuß laufen« mit Beinkontakt erfordert etwas Geduld, wie Sie im vorherigen Abschnitt gelesen haben. Aber die Einhaltung der Sieben-Tage-Regel lohnt sich. Nach einem gründlichen Aufbau können Sie damit beginnen, diese Übung auch mit einer Leine auszuführen.

Sofern Sie zum Fußlaufen eine Leine nehmen, die Sie Ihrem Hund nach der Übung wieder abnehmen, kann er lernen, die Leine als Signal für das Fußkommando zu erkennen.

Die Leine verbindet Hund und Mensch miteinander und gleichzeitig bringt sie einen großen Spalt in die harmonische Beziehung, wenn das Fußlaufen nicht funktioniert. Jeder Hundehalter macht sich Gedanken darüber, wenn ein neuer Hund ins Haus kommt, egal ob Welpe oder schon ein älterer Vierbeiner, welche Leinen er wohl brauchen wird. Dieses nützliche Utensil gehört heute unweigerlich zu unserem treuen Gefährten. Bevor ich den Übungsaufbau erkläre, ein paar nützliche Tipps vorab: Wenn Ihr Hund angeleint ist, sollten Sie es sich zur Regel machen, dann auch bewusst mit Ihm zu kommunizieren. Stecken Sie das Ende der Leine zunächst in die Hosentasche, um zu verhindern, dass Sie an der Leine ziehen. Nach den ersten Trainingseinheiten nehmen Sie die Leine in die äußere Hand, sodass Sie Ihren Hund mit der anderen Hand leicht bestätigen können. Achten Sie darauf, dass die Leine auch während der Bewegung locker bleibt. Wenn Ihr Hund das Halsband und die Leine schon kennt und bisher daran gezogen hat, können Sie den Einstieg erleichtern, indem Sie eine neue Leine nehmen. Hier bietet sich eine Retrieverleine an. Das Ende der Leine ist das Halsband. So können Sie auch nicht vergessen, das Trainingsutensil nach der Übung wieder abzunehmen.

Aufbau

Obgleich Ihr Hund schon gelernt hat, ohne Leine neben dem Bein zu laufen, ist es für das Üben mit Leine sinnvoll, noch einmal ein paar Trainingsschritte zurückzugehen. Starten Sie das Training mit der Leine auch im Haus. In der ersten Trainingseinheit bestätigen Sie Ihren Hund wieder für den Beinkontakt. Wenn er aufmerksam ist und neben Ihnen stehen bleibt, können Sie damit beginnen, einen Schritt vorwärts zu gehen. Wird der Kontakt am Bein gehalten, ist es an der Zeit, die Schrittzahl langsam beliebig zu erhöhen. Danach fahren Sie mit dem Training draußen fort. Auch hier wird der Hund zunächst nach ein, zwei Schritten belohnt.

Fuß unter Ablenkung

Auch das Fußlaufen muss unter Ablenkung gefestigt werden. Bevor Sie das allerdings in der Fußgängerzone oder in der Nähe von anderen Hunden ausprobieren, können Sie die ersten Trainingseinheiten unter Ablenkung auch mit Spielzeug oder sogar Leckerchen, die auf dem Boden verteilt werden, aufbauen. Das ist für den Anfang meist schon ausreichend Ablenkung.

Aufbau

Legen Sie mehrere Spielzeuge in einer geraden Linie mit einem Abstand von etwa zwei Metern auf die Wiese. Nun laufen Sie mit Ihrem Hund zuerst so daran vorbei, dass Sie zwischen dem Hund und den Spielzeugen sind. Wenn er Interesse an den Objekten auf dem Boden zeigt und sich nicht auf das Fußlaufen konzentrieren kann, sollte der Abstand bei den nächsten Versuchen so weit erhöht werden, bis er wieder gut ansprechbar ist. Wichtig ist, dass Sie den Hund schon nach zwei, drei Schritten mit dem Markerwort bestätigen, auch wenn er ohne Ablenkung schon länger konzentriert neben dem Bein laufen konnte. Diese Situation ist für ihn neu und erfordert viel Konzentration von ihm. Verringern Sie die Distanz zu den Spielzeugen nur langsam. Wenn Ihr Hund auch in geringer Entfernung sicher am Fuß läuft, können Sie im nächsten Schritt so an den Objekten vorbeilaufen, dass Ihr Hund zwischen Ihnen und den Spielzeugen ist. Funktioniert auch das, gehen Sie beim nächsten Mal auch im Slalom durch die Spielzeuge. Wenn diese Übungseinheit gut geklappt hat, können Sie Ihren Hund damit belohnen, dass er nachfolgend ein Spielzeug apportieren darf.

Sobald sich Ihr Hund auf das Fußlaufen bei Ablenkung durch Spielzeug konzentrieren kann, ist es an der Zeit, diese Übung auch bei alltäglicher Ablenkung auf dem Spaziergang zu trainieren.

Tricktraining und Förderung der Kreativität

Mit kleinen Kunststückchen aus dem Hunde-IQ-Trainingsprogramm erhöhen Sie nicht nur den Niedlichkeitsfaktor Ihres Hundes, Sie fördern damit auch seine Kreativität.

Mit Tricktraining früh beginnen

Sofern Sie damit begonnen haben, Ihrem Hund die ersten Basiskommandos beizubringen, empfehle ich Ihnen, mit ihm auch erste kleine Tricks zu üben. Fangen Sie damit an, sobald er verstanden hat, dass es beim Hunde-IQ-Training darum geht, dass er aufmerksam mitdenkt. Für das Tricktraining muss er die Basiskommandos noch nicht perfekt beherrschen. Es reicht aus, wenn er das Handanstupsen gelernt hat. Selbst kleine Tricks fördern die Kreativität Ihres Hundes und gestalten zudem das Training abwechslungsreich – von Anfang an.

»Nase« – der Hund berührt die Hand mit dem Fang

Nachdem der Hund die Hand auf Kommando anstupst, können Sie die Übung weiter ausbauen, indem Sie Ihrem Hund beibringen, sein Kinn in Ihre Hand zu legen oder auch mit der Nase den Kontakt zu Ihrer Hand zu halten. Dies sind schon die ersten Schritte dorthin, dass Ihr Hund lernt, eine Schublade zu schieben, bis sie ganz geschlossen ist. Weiterhin erleichtert es Ihrem Hund

Auch für motivierte Hunde ist es eine kleine Herausforderung, mit dem Kinn in Ihrer Hand zu verharren, bis das Markerwort erfolgt, denn diese Aufgabe erfordert Ruhe und Geduld.

auch zu verstehen, wann er beim Hunde-IQ-Training in einer Position verharren soll, bis er das Markerwort von Ihnen erhält.

Aufbau

Zunächst knien Sie sich vor Ihren Hund. Bei größeren Hunden können Sie auch stehen bleiben. Nun halten Sie eine Hand waagerecht zum Boden, die Handfläche zeigt nach oben und die Hand ist leicht gewölbt, sodass Ihr Hund sein Kinn in Ihre Hand legen kann. Nun zeigen Sie mit der anderen Hand etwas hinter die positionierte Hand. Die meisten Hunde folgen der Hand und legen ihr Kinn somit in die andere Hand. Sobald Sie den Kontakt spüren, erfolgt das Markerwort. Das Leckerchen können Sie dem Hund ebenfalls in der Position geben, so lernt er, dass er mit dem Kinn in der Hand bleiben kann, und hat es dann nicht so eilig, die Position wieder zu verlassen. Nach wenigen Wiederholungen sollten Sie das Markerwort etwas hinauszögern, sodass sein Kinn schon etwa 2 Sekunden – und nach mehreren Wiederholungen dann etwa 5 Sekunden – in Ihrer Hand liegt. Erst wenn der Hund für ein paar Sekunden das Kinn ablegt, fügen Sie das Wortsignal, z. B. »Nase«, ein.

Bei unruhigen Hunden kann es einige Trainingseinheiten dauern, bis er sich darauf einlässt, ruhig zu verharren. Verlieren Sie nicht die Geduld. Wenn Ihr Hund diese Aufgabe erst einmal bewältigt hat, ist er auf viele weitere Aufgaben gut vorbereitet.

»Twist« – der Hund dreht sich

Bei dieser Übung lernt Ihr Hund, sich links oder rechts herum im Kreis zu drehen. Das Anstupsen der Hand ist eine wichtige Voraussetzung. Damit können Sie ihm die gewünschte Bewegung zeigen.

Aufbau

Als Erstes stellen Sie sich vor Ihren stehenden Hund und wiederholen das Handanstupsen. Anschließend halten Sie Ihre Handfläche neben die Schnauze des Hundes. Sobald er seinen Kopf zur Hand richtet, bewegen Sie Ihre rechte Hand links herum. Das Markerwort erfolgt, sobald Ihr Hund die Hand berührt.

Stellen Sie sich nun vor, Ihre Hand ist der Stundenzeiger einer Uhr. Direkt vor Ihnen ist zwölf Uhr. Führen Sie die Hand im Uhrzeigersinn immer eine Stunde weiter und lassen Sie sie dort, bis Ihr Hund folgt und Ihre Hand berührt. Während der Berührung geben Sie erneut das Markerwort und belohnen ihn mit Futter in der Stand-

Zuerst halten Sie die Hand vor Ihren Körper, wenn Ihr Hund daran stupst; führen Sie die Hand bei jeder weiteren Einheit etwas weiter im Kreis.

Sofern Ihr Hund der Hand folgt, können Sie ihn damit einmal im Kreis herumführen und das Wortsignal aufbauen.

Im Weiteren wird die Hilfe mit der Hand abgebaut, sodass sich Ihr Hund später auf das Wortsignal und eine kleine Bewegung mit der Hand hin im Kreis dreht.

position frontal vor Ihnen. So können Sie direkt die nächste Einheit beginnen. Wenn Sie es geschafft haben, dass Ihr Hund eine halbe Drehung macht, müssen Sie die Hand nur noch weiter im Kreis führen, bis Sie wieder vorne angekommen sind. So lernt Ihr Hund, sich in kleinen Schritten im Kreis zu drehen. Wenn er Mühe hat, der Hand zu folgen, und rückwärtsgeht oder sich hinsetzt, ist es sinnvoll, mit ihm gemeinsam eine Drehung auszuführen. Auf diese Weise kann er sich an die Drehung gewöhnen. Sobald Ihr Hund zuverlässig eine Drehung ausführt, ist es an der Zeit, das Wortsignal einzuführen. Für linksherum könnten Sie das Kommando »Twist« sagen und für rechtsherum »Fox«.

Weiterhin könnten Sie die Hilfe mit der Hand langsam abbauen. Zunächst geben Sie Ihrem Hund das Wortsignal und führen ihn anschließend wieder im Kreis. Wenn sich der Hund bereits halb gedreht hat, ziehen Sie Ihre Hand gerade zum Körper zurück, sodass er den Kreis alleine beendet. Das Markerwort geben Sie wieder in der Ausgangsposition. Wenn das alles im Training gut funktioniert, gehen Sie dazu über, die Drehung mit der Hand oberhalb des Hundes und mit geradem Oberkörper auszuführen. In mehreren Übungseinheiten wird die Handbewegung so weit reduziert, dass nur noch eine Drehbewegung im Handgelenk stattfindet.

Sofern Sie die Drehung in die andere Richtung aufbauen möchten, erleichtern Sie Ihrem Hund die Übung, indem Sie erst damit beginnen, wenn sich Ihr Hund in eine Richtung ohne die direkte Führung mit der Hand im Kreis drehen kann. Für die Drehung rechtsherum erfolgt der Aufbau mit der anderen Hand. Als Wortsignal könnten Sie das Kommando „Fox" verwenden.

Slalom

Am Ende dieser Übung ist Ihr Hund in der Lage, im Slalom durch Ihre Beine zu laufen, während Sie vorwärtsgehen. Auch hier ist es wieder wichtig, dass Ihr Hund bereits gelernt hat, Ihrer Hand zu folgen.

Aufbau

Die Ausgangsposition für Ihren Hund ist die Fußposition. Setzen Sie den äußeren Fuß einen Schritt nach vorne, sodass Ihr Hund durch die Beine laufen kann. Halten Sie nun die äußere Hand so unter dem Bein, dass er diese sieht. Wichtig ist, nachdem Sie das Bein vorgestellt haben, erst einen Moment zu warten, bevor die Hand eingesetzt wird. Denn Ihr Hund soll lernen, auf die Beine zu achten. Wenn er das Anstupsen der Hand kennt, sollte auch Ihr Hund rasch auf die Idee kommen, durch die Beine zu laufen, um Ihre Hand zu berühren. Falls Ihr Hund zögert und nicht so recht durch die Beine laufen mag, könnte es sein, dass Sie sich mit Ihrem Oberkörper zu stark über ihn beugen und er sich unwohl fühlt. Das Markerwort erfolgt, während der Hund durch die Beine läuft und die Hand berührt. Erst dann holen Sie das Leckerchen aus dem Beutel und führen Ihren Hund damit direkt wieder in die Ausgangsposition, um die Übung mehrmals von der gleichen Seite zu wiederholen.

In einer nächsten Übungseinheit erfolgt der Aufbau von der anderen Seite. Geht Ihr Hund von beiden Seiten durch die Beine, sobald das Bein vorgestellt wird, können Sie beide Seiten verbinden und bauen auch das Wortsignal »Slalom« ein. Das Signal wird nur einmal zu Beginn der Übung gegeben, denn Ihr Hund soll lernen, die Beine als Signal für den Slalom zu sehen. Das Markerwort erfolgt zunächst bei jedem Durchlaufen, anschließend wird variabel bestätigt, sodass der Hund so lange im Slalom durch die Beine läuft, bis das Markerwort erfolgt. Setzen Sie zunächst langsam einen Schritt

Zuerst führen Sie Ihren Hund mit der Hand immer von der gleichen Seite durch die Beine. Sodann wird die Hilfe mit der Hand abgebaut, bevor Sie die Übung von der anderen Seite aufbauen.

Erst wenn Ihr Hund von beiden Seiten ohne die Hilfe Ihrer Hand durch Ihre Beine läuft, wird damit begonnen, die Schritte aneinander zu reihen.

vor den anderen. Wenn Ihr Hund fließend im Slalom läuft, können Sie Ihr Tempo leicht erhöhen.

Machen Sie sich die Mühe, diese Übung so weit aufzubauen, dass Sie die Hände als Hilfe nicht mehr benötigen. Denn ansonsten müssen Sie sich von einer Seite auf die andere beugen, wenn Sie möchten, dass Ihr Hund durch die Beine läuft. Es sieht wesentlich eleganter aus, wenn Sie die Arme zur Seite wegstrecken oder auf dem Rücken verschränken, während Ihr Hund Slalom läuft.

Zu einem Zielpunkt laufen

Die nächste Übung ist die erste, bei der Ihr Hund lernt, eine Aktivität mit einem Objekt zu verbinden. Diese Übung ist unter anderem auch eine Vorarbeit dafür, dass Ihr Hund später die Tür schließen kann. Sei es im Haus, beim Spaziergang oder im Gartencafé, Sie werden des Öfteren davon profitieren, wenn Sie Ihren Hund an einen bestimmten Ort schicken können. Als Trainingsutensil benötigen Sie ein Tuch, eine Leine oder einen anderen großen Zielpunkt.

Aufbau

Nachdem Sie Ihr Übungsutensil, z.B. ein Tuch, ausgewählt haben, zeigen Sie Ihrem Hund den Gegenstand. Wenn der Hund neugierig ist, wird er das Tuch von allein mit der Nase anstupsen. Dies können Sie direkt mit dem Markerwort bestätigen. Bei dieser Übung bietet es sich an, das Futter über den Boden zu rollen, damit Ihr Hund wieder etwas Abstand zu dem Objekt bekommt. Wenn

Ihr Hund muss erst verstehen, dass es darum geht, den Gegenstand zu berühren. Warten Sie geduldig, bis er wenigstens einen Schritt darauf zugeht.

er dadurch eher unruhig wird und sich nicht mehr richtig auf das Training konzentriert, dann geben Sie ihm das Leckerchen besser aus der Hand.

Legen Sie den Zielpunkt auf den Boden und schauen Sie diesen interessiert an. Nun gilt es Geduld zu bewahren, denn Ihr Hund soll nun sein Köpfchen anstrengen und herausfinden, was Sie von ihm möchten – deshalb heißt es ja auch Hunde-IQ-Training. Es wird Ihrem Hund nicht helfen, wenn Sie immer wieder auf das Tuch zeigen oder wild damit herumwedeln. Es mag sein, dass er dann diesen Zielpunkt berührt, doch er wird nicht wirklich wissen, was Sie von ihm möchten. Also bleiben Sie ruhig stehen und warten Sie, bis Ihr Hund das Tuch mit der Nase oder der Pfote berührt, und geben Sie dann das Markerwort. Wichtig ist, dass Sie erst bestätigen, wenn Ihr Hund das Tuch wirklich berührt, jedoch so früh, dass er dieses noch nicht in sein Maul genommen hat. Im Weiteren bestätigen Sie nur noch, wenn der Hund das Ziel mit der Pfote berührt. Wenn Sie genau hinschauen, können Sie sehen, ob er die Übung verstanden hat und schon bewusst den Zielpunkt berührt. Wenn das der Fall ist, entfernen Sie sich immer etwas weiter von dem Tuch und beginnen damit, Ihren Hund dorthin zu schicken. Geben Sie ihm dafür das Kommando »Tuch« oder »Target« und schauen Sie dabei wieder auf das Objekt am Boden. Sobald Ihr Hund zum Tuch gelaufen ist und dieses berührt, geben Sie das Markerwort und laufen genau in dem Moment auf ihn zu. So lernt er, dass er am Zielpunkt auf Sie warten kann, und Sie verhindern damit, dass er schon voreilig zu Ihnen zurückläuft, um seine Belohnung abzuholen. Achten Sie darauf, dass Sie Ihren Hund nicht versehentlich bedrängen, wenn Sie auf ihn zugehen.

Sobald Ihr Hund den Zielpunkt berührt, geben Sie das Markerwort und gehen im selben Moment auf ihn zu, damit er dort bleibt, bis Sie ihm seine Belohnung geben.

Schicken Sie Ihren Hund zunächst zu dem Zielpunkt, der hinter dem Stuhl liegt. Sobald er dort angekommen ist, rufen Sie ihn auf die andere Seite zurück.

Nach mehreren Wiederholungen können Sie den Zielpunkt entfernen; aus Gewohnheit wird Ihr Hund trotzdem loslaufen.

Um einen Gegenstand herum laufen

Nachdem Ihr Hund gelernt hat, zu einem Zielpunkt zu laufen, können Sie den auch dazu einsetzen, Ihren Hund an einen bestimmten Ort zu schicken – z. B. auch um einen Baum herum. Für die nächste Übung benötigen Sie einen Gegenstand, um den der Hund herum laufen kann. Dies könnte zunächst ein Stuhl oder ein Baum sein und später sogar eine Scheune.

Aufbau

Für einen leichten Einstieg in die Übung legen Sie den Zielpunkt zunächst vor den Gegenstand, z. B. einen Stuhl, um den der Hund später herum laufen soll. Zu Beginn stehen Sie nur einen Schritt von dem Stuhl entfernt. Zeigen Sie nach vorne und schicken Sie Ihren Hund zu dem Zielpunkt. Geben Sie wie gewohnt das Markerwort, wenn er diesen berührt, nun gehen Sie jedoch nicht auf Ihren Hund zu, um die Belohnung zu geben, sondern rufen ihn zu sich zurück. Denn wenn Sie jetzt den Zielpunkt hinter den Stuhl legen, sollte Ihr Hund, nachdem er den Zielpunkt berührt hat, um den Stuhl laufen. Diese Abfolge wiederholen Sie mehrmals und geben nun auch ein Kommando wie »Rum«, bis der Hund sicher um den Stuhl herum läuft. Falls er zwar zum Zielpunkt läuft, dann aber umdreht, um zu Ihnen zurückzukommen, dann können Sie ihm eine kleine Hilfestellung geben, indem Sie ihm auf der anderen Seite etwas entgegengehen und ihn rufen, nachdem er den Zielpunkt berührt hat.

Im Weiteren geht es darum, den Zielpunkt wieder abzubauen, sodass Ihr Hund auch ohne diese Hilfe um einen Gegenstand herum laufen kann. Nehmen Sie den Zielpunkt beiseite, zeigen Sie in Richtung Stuhl und schicken Sie Ihren Hund mit dem Kommando »Rum« wieder zum Stuhl. Ihr Hund wird wie gewohnt hinter den Stuhl laufen. Doch es könnte sein, dass er etwas irritiert ist, weil der Zielpunkt nicht dort liegt. Loben Sie ihn mit einem Lobwort wie »brav« und rufen Sie ihn zu sich zurück. Sobald er um den Stuhl gelaufen ist, ertönt das Markerwort und er bekommt das Leckerchen aus Ihrer Hand. Wenn Ihr Hund zögert, um den Stuhl zu laufen, dann macht es Sinn, den Zielpunkt noch mal hinter den Stuhl zu legen und das Wortsignal sowie das Handzeichen, die nach vorne zeigende Hand, nochmals aufzubauen. Wenn die Übung vom Hund gut gemeistert wird, können Sie auch die Distanz zu dem Stuhl vergrößern.

Wenn Ihr Hund Freude an dieser Übung zeigt, können Sie den gleichen Aufbau auch an größeren Objekten durchführen, lassen Sie ihn z.B. um ein Auto oder eine Scheune laufen. Weiterhin können Sie auch trainieren, dass Ihr Hund links und rechts herum läuft, hierzu nehmen Sie Ihren Hund entweder links neben sich und schicken ihn mit der linken Hand los, oder Sie führen ihn auf die rechte Seite und schicken Ihn mit der rechten Hand zum Objekt. Damit er versteht, was Sie von ihm möchten, empfehle ich Ihnen, die Distanz zum Gegenstand am Anfang klein zu halten, sodass er nicht doch noch auf die andere Seite laufen kann.

Leine als Fixierpunkt

Nachdem Ihr Hund bereits gelernt hat, zu einem bestimmten Ort zu laufen, kann er weiterhin lernen, auf Kommando zu seiner Leine oder zum Liegeplatz zu laufen, um sich dort abzulegen.

Aufbau

Zunächst wiederholen Sie den Übungsaufbau von «Zu einem Zielpunkt laufen« (S. 76) mit der Leine, sodass Ihr Hund schon weiß, dass er zur Leine laufen soll und dort auch bestätigt wird. Danach kommt ein neuer Trainingsabschnitt hinzu. Stellen Sie sich zunächst wieder

Bei dieser Übung wird die Leine zum Zielpunkt. Zuerst geht es darum, dass Sie Ihren Hund zu der Leine schicken, die etwa 3 Meter entfernt liegt.

Im Folgenden geben Sie Ihrem Hund das Signal zum Hinlegen und laufen auf ihn zu, damit er bei der Leine bleibt.

direkt neben die Leine. Nun schicken Sie Ihren Hund zur Leine, geben jedoch nicht mehr das Markerwort, sondern nur noch ein Lobwort wie »brav«, sofort im Anschluss geben Sie ein weiteres Kommando wie »Platz«. Sobald sich Ihr Hund auf die Leine legt, geben Sie das Markerwort. Die Belohnung können Sie nun wieder über den Boden rollen, oder auch aus der Hand geben. Wenn Sie möchten, dass Ihr Hund lernt, längere Zeit auf der Leine zu liegen, geben Sie die Belohnung, noch während er auf der Leine liegt. Anschließend erfolgt das Auflösesignal.

In der nächsten Trainingseinheit können Sie nach mehreren Wiederholungen, bei denen Sie Ihrem Hund das Kommando zum Hinlegen gegeben haben, diese Worthilfe abbauen. Loben Sie Ihren Hund wieder in dem Moment, in dem er die Leine berührt hat. Nun warten Sie einen Moment, ob er sich schon von alleine hinlegt. Wenn nicht, dann geben Sie ihm noch mal das Kommando »Platz«. Nach mehreren Wiederholungen wird Ihr Hund wissen, was Sie von ihm erwarten, und sich direkt hinlegen, sobald er bei der Leine angekommen ist. Ab diesem Zeitpunkt können Sie beim Training Ihren Abstand zur Leine wieder vergrößern, um eine größere Distanz aufzubauen. Diese Übung ist die Grundlage dafür, dass Sie Ihrem Hund auch beibringen können, zu einem Zielpunkt zu laufen, um dort andere Tricks auf Distanz auszuführen.

Pfote geben

Bei dieser Übung kommen die Pfoten Ihres Hundes zum Einsatz. Das Pfotegeben ist die Basis für weitere Tricks, wie z. B. Winken, Pfoten über Kreuz legen oder einen Schirm festhalten.

Hunde, die besonders gut Handlungen verknüpfen können, gehen nach mehreren Trainingseinheiten zur Leine und legen sich ohne ein weiteres Kommando dort ab.

Aufbau

Zu Beginn der Übung ist es sinnvoll, sich auf die Höhe des Hundes zu begeben. Bei kleinen Hunden empfehle ich Ihnen, vor dem Hund zu knien. Nun nehmen Sie ausnahmsweise etwas Futter in Ihre linke Hand und machen diese zur Faust. Halten Sie diese nun fest verschlossen vor den Brustkorb Ihres Hundes. Generell beginnen Hunde dann, ihre Pfote zu heben, wenn sie mit dem Anstupsen der Hand nicht erfolgreich sind, um an die Belohnung zu kommen. Zunächst bestätigen Sie Ihren Hund, sobald er eine Pfote leicht anhebt. Er wird weiter versuchen, die Faust mit der Pfote zu öffnen. Wenn dabei seine Pfote die Faust berührt, geben Sie das Markerwort. Das Leckerchen für die Belohnung holen Sie wie gewohnt aus dem Futterbeutel und geben es ihm; dabei kann Ihr Hund direkt vor Ihnen sitzen bleiben. Das Futter aus der Faust bleibt weiterhin dort. Nach mehreren Wiederholungen halten Sie die Faust ohne Leckerchen vor Ihren Hund. Wenn er auch diesen Schritt verstanden hat und seine Pfote auf Ihre Faust legt, bestätigen Sie nur noch, wenn er die rechte Pfote hebt. Führen Sie dann auch das Wortsignal »Pfote« ein. Im Weiteren halten Sie die geöffnete Hand vor den Brustkorb des Hundes, sodass Ihr Hund seine Pfote in die Handfläche legt. In einer anderen Trainingseinheit können Sie statt der linken die rechte Hand einsetzen. Sobald er es beherrscht, seine linke Pfote in Ihre rechte Hand zu legen, führen Sie hierfür das Wortsignal »Tatze« ein. So können Sie genau vorgeben, welche Pfote Ihr Hund heben soll.

Nehmen Sie ein Leckerchen in die Hand und halten Sie die Faust vor den Brustkorb Ihres Hundes. Lassen Sie Ihren Hund ausprobieren, was er tun muss, um seine Belohnung zu erhalten.

Sobald Ihr Hund im Training etwas fortgeschritten ist, kann er lernen, die linke und die rechte Pfote voneinander zu unterscheiden.

Winken

Das Winken mit der Pfote ist im Prinzip das fortgeschrittene Pfotegeben. Statt dass Ihr Hund die Pfote direkt in Ihre Hand legt, lernt er nun weiterführend, mehrere Auf- und Abwärtsbewegung mit der Pfote zu machen.

Ziehen Sie die Hand nur leicht nach oben oder zur Seite, denn Ihnen bleibt nicht viel Zeit, um die Hand zurückzuführen, damit Ihr Hund diese nach der Winkbewegung treffen kann.

Erst wenn Ihr Hund die Winkbewegung mit der Pfote drei- bis viermal sicher ausführt, wird das Handsignal aufgebaut.

Aufbau

Grundvoraussetzung für diese Übung ist, dass Ihr Hund bereits eine Pfote auf Kommando in Ihre Hand legt. Zum Einstieg geben Sie ihm etwas Sicherheit, indem Sie das Pfotegeben wiederholen. Im nächsten Schritt ziehen Sie Ihre Hand leicht nach oben, während Ihr Hund die Pfote anhebt, sodass er sie nicht treffen kann. Sofort danach bringen Sie Ihre Hand wieder in die Ausgangsposition, damit Ihr Hund nach der ersten Winkbewegung seine Pfote auf Ihrer Hand ablegen kann. Wichtig ist, dass Sie die Hand schnell wieder nach unten nehmen, damit Ihr Hund seine Pfote nicht absetzt, sondern ein zweites Mal nachfasst. Ist er bestrebt, die Hand zu treffen, und setzt seine Pfote zwischendurch nicht ab, lassen Sie die Hand länger oben, sodass er zweimal winkt, bis er die Hand trifft. Auch wenn Ihr Hund die Handfläche berührt, bevor Sie dies wollen, bekommt er die Bestätigung.

Kann Ihr Hund schon zwei Winkbewegungen ausführen, während Sie Ihre Hand wiederholt nach oben ziehen, dann führen Sie auch ein neues Wortsignal wie »Winken« ein. Bisher hat Ihr Hund zum Abschluss der Übung immer Ihre Hand getroffen. Er weiß somit sicher, dass er die Pfote so lange oben halten muss, bis er Ihre Hand erreicht hat. Jetzt geht es noch darum, dass Sie Ihr Handsignal verändern. Und zwar drehen Sie die Hand um, sodass Ihr Handrücken nach oben zeigt, damit Sie eine Winkbewegung mit den Fingerspitzen ausführen können. Zuerst geben Sie das neu eingeführte Wortsignal »Winken« und halten die Hand wie zuvor. Nachdem Ihr Hund die Pfote hebt und Sie Ihre Hand hochgezogen haben, drehen Sie die Hand um, winken einmal und führen die Hand danach zurück, damit Ihr Hund diese wieder mit seiner Pfote erreichen kann. Im Folgenden können Sie damit beginnen, das Markerwort schon zu geben, während Ihr Hund winkt. So muss er Ihre Hand dann am Ende nicht mehr berühren, sondern winkt so lange, bis das Markerwort ertönt. Geben Sie ihm Zeit, die Übung zu verstehen, und bestätigen Sie Ihn gelegentlich auch schon nach der ersten Winkbewegung, damit er motiviert bleibt, diese Übung auszuführen, besonders dann, wenn er dazu neigt, auf die andere Pfote zu wechseln.

Pfoten kreuzen

Eine weitere Übung, die nach dem Aufbau des Tricks Pfotegeben geübt werden kann, ist das Pfotenkreuzen. Hierbei ist die Schwierigkeit, dass Ihr Hund lernt, die Pfoten auch aus der liegenden Position zu heben und sogar übereinanderzulegen.

Aufbau

Um Ihren Hund darauf vorzubereiten, was von ihm erwartet wird, wiederholen Sie das Pfotegeben ein paarmal, während Ihr Hund vor Ihnen sitzt. Anschließend geben Sie ihm das Signal zum Hinlegen mit »Platz« und ermuntern ihn, wieder seine Pfote in Ihre Hand zu legen. Sobald Ihr Hund aus der liegenden Position seine Pfote hebt, erfolgt das Markerwort. Sein Leckerchen sollte er ebenfalls bekommen, wenn er liegt, denn dann können Sie direkt mit der nächsten Einheit beginnen. Sobald er seine linke Pfote sicher in Ihre rechte Hand gibt, knien Sie sich an die rechte Seite Ihres Hundes und halten Ihre Hand genau über die rechte Pfote des Hundes. Wenn er nun Ihre Hand treffen möchte, muss er die Pfote zur Seite bewegen. Wenn dieser Teil geschafft ist, beginnen Sie damit, Ihre Hand etwas wegzuziehen, sodass die Pfote des Hundes nicht an die Hand kommt, sondern stattdessen auf seinem rechten Vorderbein zum Liegen kommt. Ihr Markerwort geben Sie dann, wenn Ihr Hund die Pfote ablegt. Wiederholen Sie diese Abfolge mehrmals, bevor Sie das Wortsignal »Cross« einführen. Wenn Ihr Hund herausgefunden hat, dass er die Pfoten übereinander kreuzen muss, dann beginnen Sie damit, sich einen Schritt von ihm zu entfernen. Nun geben Sie das Wortsignal »Cross«, als nonverbales Signal können Sie auch Ihre Hände überkreuzen. Sofern Ihr Hund die linke Pfote über die rechte legt, ist es möglich, in einer anderen Trainingseinheit zu üben, dass er auf das Kommando »Diva« die rechte Pfote über die linke legt.

Halten Sie die Hand erst dann über die andere Pfote, wenn Ihr Hund verstanden hat, dass er immer die gleiche Pfote in Ihre Hand legen muss.

Hunde mit einem schmalen Brustkorb und langen Beinen haben es viel leichter, die Pfoten zu kreuzen, als Hund mit einem breiten Brustkorb oder kurzen Beinen.

Pfoten hoch

Bei dieser Übung kommt wieder das bereits bekannte Anstupsen der Hand zum Einsatz. Ihr Hund sitzt und richtet seinen Oberkörper auf, sodass die Pfoten in der Luft sind. Ich würde Ihnen empfehlen, diesen Trick nur dann mit Ihrem Hund zu üben, wenn seine Körperform dafür passend ist. Für Hunde mit einem langen Rücken oder für große und schwere Hunde ist diese Übung etwas anstrengend. Ganz gleich, welchen Körperbau Ihr Hund hat, es kann mehrere Trainingseinheiten dauern, bis er das Gleichgewicht halten kann. Diese Übung ist, sofern schonend aufgebaut, auch ein gutes Fitnesstraining für die Rückenpartie.

Beim Aufbau dieser Übung ist es wichtig, dass Sie die Hand direkt vor der Nase des Hundes nach oben führen und diese nicht zu hoch halten.

Aufbau

Und so funktioniert es: Diese Übung beginnt immer aus der Sitzposition. Nun stellen Sie sich vor Ihren Hund und beginnen zum Aufwärmen mit dem Anstupsen der Hand. Nachher drehen Sie die Hand so, dass der Handrücken nach oben zeigt, hierbei ist es wichtig, dass Sie die Hand leicht wölben, damit es nicht wie ein Bleibsignal aussieht. Wenn sich Ihr Hund unwohl dabei fühlt und nicht unter die Hand stupsen mag, können Sie auch die Fingerspitzen zusammenführen und ihn daran stupsen lassen. Nun führen Sie die Hand über den Kopf des Hundes. Zunächst erfolgt das Markerwort, sobald Ihr Hund seine Nase zur Hand streckt. Das Leckerchen können Sie ihm geben, während er sitzt. Anschließend geben Sie das Markerwort erst, wenn er die Hand mit seiner Nase berührt. Mit der Zeit können Sie Ihre Hand etwas höher halten, sodass Ihr Hund erst an die Hand gelangt, wenn er sich aufrichtet und seine Pfoten den Boden verlassen.

Wichtig ist, dass sich Ihr Hund mit der Muskulatur nach oben zieht und nicht hochspringt. Wenn er sich nach mehreren Trainingseinheiten aufrichtet, sobald Sie die Hand über den Kopf halten, zögern Sie das Markerwort hinaus, damit er lernt, in der Position zu verharren. Achten Sie darauf, das Markerwort immer dann zu geben, wenn Ihr Hund gerade aufrecht ist. Falls Sie zu spät bestätigen und Ihr Hund schon bei der Abwärtsbewegung ist, wird er es schwer haben, das Obenbleiben zu lernen, bis Sie das Kommando auflösen. Hat Ihr Hund auch sonst Mühe, den Oberkörper aufrechtzuhalten, können Sie ihm seine verdiente Belohnung auch so geben, dass er sich dafür ebenfalls nach oben strecken muss. Dann lassen Sie ihn etwas an dem Leckerchen knabbern, bevor er es dann essen darf. So bekommt er langsam ein Gefühl dafür, sich in dieser Position zu halten.

Anschließend ist es so weit, dass Sie das Wortsignal und ein Handsignal aufbauen können. Geben Sie das Kommando »Hübsch« und führen Sie Ihren Hund wieder mit der Hand nach oben. Das nonverbale Signal ist zunächst die Hand, welche der Hund anstupst. Sobald Ihr Hund die Übung verstanden hat und das Wortsignal eingeführt wurde, kann das Handsignal langsam verändert werden. Geben Sie das Kommando »Hübsch« und halten Sie die Hand wenige Zentimeter höher über den Hund, sodass er diese, wenn er sich aufrichtet, nicht berühren kann. Bestätigen Sie ihn, sobald er sich aufgerichtet hat. Nachfolgend deuten Sie das Handsignal nur noch an, indem Sie die Hand mit gestrecktem Zeigefinger nach vorne führen. Im Gegensatz zum normalen Sitzzeichen bewegen Sie noch den Zeigefinger nach oben.

Auf die Seite legen

Dass ein Hund sich auf die Seite legt, gehört zu seinem natürlichen Verhalten. Allerdings kann es ihm trotzdem schwerfallen, sich auf Kommando auf die Seite zu legen – oder auf den Rücken zu rollen –, denn dies sind Unterwerfungsgesten. Achten Sie deshalb bei der nächsten Übung darauf, dass Sie sich nicht zu sehr über Ihren Hund beugen. Gehen Sie den Aufbau außerdem langsam an, sodass er sich nicht bedrängt fühlt. Weiterhin würde ich Ihnen empfehlen, diese Übung zuerst an einem Trainingsort ohne Ablenkung zu festigen, bis Ihr Hund gelernt hat, entspannt auf der Seite zu liegen.

Wenn Ihr Hund das Gleichgewicht gut halten kann, ist die fortgeschrittene Übung, das Kommando auf Distanz auszuführen.

Mein Tipp

Es gibt zwei Variationen der Pfotenstellung, die von Hunden gezeigt werden. Hunde, deren Schulterblätter etwas weiter vorne positioniert sind, strecken die Pfoten generell in die Luft. Hunde, deren Schulterblätter etwas weiter hinten positioniert sind, winkeln die Pfoten meist an.

Zuerst führen Sie Ihre Hand seitlich am Kopf vorbei, sodass Ihr Hund den Kopf dreht, um an Ihre Hand zu stupsen.

Der schwierigste Teil ist, dass der Hund der Hand so weit folgt, bis er auf die Seite kippt. Dies kann mehrere Versuche in Anspruch nehmen.

Wenn Ihr Hund beim Training so entspannt im Gras liegt, ist dies ein gutes Zeichen dafür, dass er gelernt hat, mit Ruhe und Konzentration zum Erfolg zu kommen.

Aufbau

Beginnen Sie den Aufbau dieser Übung kniend auf dem Boden, ganz gleich, wie groß Ihr Hund ist. Zunächst starten Sie mit dem Anstupsen der Hand, während Ihr Hund vor Ihnen liegt. Nun führen Sie Ihre Hand bei jeder Wiederholung ein Stückchen weiter an seinem Kopf vorbei. Jedes Mal, wenn Ihr Hund Ihre Hand berührt, geben Sie das Markerwort. Es bietet sich an, dem Hund das Leckerchen in der Platzposition zu geben. Lassen Sie Ihrem Hund Zeit, die ersten Übungsschritte zu verstehen, bevor Sie Ihre Hand über den Nacken auf die äußere Seite Ihres Hundes führen. Wenn er der Hand mit seiner Nase folgt, wird er auf die Seite kippen. Sofern er auf der Seite liegt, ziehen Sie Ihre Hand wieder etwas nach vorne, sodass er den Kopf auf der Seite ablegt. Wenn Ihr Hund die Übung so weit verstanden hat, dass er sich bei jeder Handbewegung auf die Seite legt, wird die Handbewegung nicht mehr bis zum Ende ausgeführt, sondern nur bis zum Nacken. Dann wird gewartet, bis sich der Hund von selbst weiter dreht. Das Markerwort erfolgt erst dann, wenn er den Kopf auf dem Boden ablegt. Manche Hunde legen sich schon auf die Seite, wenn man einfach die Hand vor der Nase auf die Seite Richtung Boden führt.

Als Nächstes geht es wieder darum, ein Wortsignal und ein Handsignal aufzubauen. Bevor Sie nun Ihren Hund auf die Seite führen, geben Sie das Kommando »Tired« oder »Müde«. Ein mögliches Handsignal ist die »Pistole«, hierbei wird die Hand senkrecht zum Boden gehalten, Zeigefinger und Mittelfinger werden ausgestreckt und der Daumen zeigt nach oben. Geben Sie zuerst das Wortsignal und im Anschluss daran das nonverbale Signal mit der Hand. Wenn Ihr Hund zögert und nicht so recht weiß, was Sie von ihm möchten, führen Sie die Hand noch mal um seinen Hals herum, bis er auf die Seite kippt. Im Weiteren können Sie auch aufstehen und etwas auf Distanz gehen, bevor Sie Ihrem Hund wieder das Signal geben.

Rolle

Bevor Ihr Hund lernt, auf Kommando eine Rolle zu machen, empfehle ich Ihnen, zuerst die Übung «Auf die Seite legen« aufzubauen. So weiß Ihr Hund schon, dass er Ihrer Hand folgen und sich dabei auf die Seite legen muss. Und es wird ihm leichter fallen, eine ganze Rolle auszuführen. Wenn Sie zuerst die Rolle üben, besteht das Risiko, dass Ihr Hund später lange braucht, um zu verstehen, dass er bei dem Kommando »Tired« oder »Müde« auf der Seite liegen bleiben soll und sich nicht, wie zuvor gelernt, immer auf die andere Seite rollen muss. Weiterhin können Sie Ihrem Hund das Auseinanderhalten der sehr ähnlichen Übungen erleichtern, wenn Sie z. B. das »Auf die Seite legen« über seine linke Seite üben und die Rolle demzufolge über die rechte.

Aufbau

Sofern sich Ihr Hund bei der Übung »Tired« bisher immer auf die linke Seite gelegt hat, bringen Sie ihm nun bei, sich auf die andere Seite zu legen. Sobald er den Dreh raus hat und auf die linke Seite kippt, sobald Sie die rechte Hand um seinen Nacken herum führen, gehen Sie einen Schritt weiter. Liegt Ihr Hund auf der Seite, führen Sie die Hand vor seiner Nase bis auf die andere Seite, sodass Ihr Hund zuerst auf den Rücken rollt und schließlich auf die andere Seite, die rechte, kippt. Geben Sie das Markerwort dann, wenn Ihr Hund Ihre Hand berührt. Wenn es ihm schwerfällt, sich weiter zu bewegen, um an Ihre Hand zu gelangen, dann ist es wichtig, dass Sie schon die kleinsten Bewegungen bestätigen. Die Belohnung können Sie Ihrem Hund wieder in der liegenden Position geben.

Nun führen Sie wieder ein Wortsignal wie »Rolle« ein. Sagen Sie dafür zuerst das Wortsignal, bevor Sie Ihre Hand wieder um den Nacken des Hundes führen, damit er eine Rolle macht. In einer nächsten Trainingseinheit

Für das Ausführen der Rolle braucht es viel Vertrauen, denn wenn sich ein Hund auf den Rücken rollt, zeigt er sich damit gegenüber anderen verletzlich.

Führen Sie die Hand ganz langsam um den Kopf des Hundes, sodass er mit der Nase folgt und über den Rücken auf die andere Seite rollt.

Um Ihrem Hund den Übergang zu erleichtern, können Sie ihm zuerst das Signal zum Hinlegen und anschließend das Kommando für die Rolle geben.

können Sie auch die Hilfe mit der Hand reduzieren. Ein mögliches Handsignal ist die locker gewölbte Hand, mit der Sie eine Drehbewegung ausführen. Zunächst helfen Sie Ihrem Hund noch etwas, indem Sie ihm anfangs das Kommando zum Hinlegen geben. Dann geben Sie das Wortsignal und drehen Ihre Hand. Warten Sie ein paar Sekunden ab, ob Ihrem Hund eine Idee kommt, was Sie von ihm möchten. Wenn er nicht darauf kommt, was er tun könnte, dann helfen Sie ihm wieder, indem Sie die Hand um seinen Nacken herum führen. Nach mehreren Wiederholungen sollte es ihm langsam dämmern, was Sie von ihm sehen möchten.

Wenn Ihr Hund schon etwas fortgeschritten ist und die Rolle gerne ausführt, können Sie auch trainieren, dass er aus dem Stand eine Rolle macht. Hierzu geben Sie das Kommando »Rolle«. Wenn Ihr Hund jetzt nicht reagiert, ist das ganz normal, denn bisher hat er immer nur eine Rolle gemacht, wenn er schon lag. Also warten Sie einen Moment, geben das Handsignal für Platz und direkt im Anschluss das Signal für die Rolle. Sofern Ihr Hund beim Hunde-IQ-Training schon so weit ist, dass er ausprobiert, mit welchem Verhalten er an seine Belohnung kommt, dann müssen Sie mit Sicherheit nicht sehr lange darauf warten, bis ihm die Lösung einfällt.

Verbeugen

Vielleicht haben Sie schon mal beobachtet, dass sich auch Ihr Hund scheinbar verbeugt, wenn er einen Artgenossen oder sogar Sie zum Spielen auffordert. Nicht nur beim Spiel ist diese Vorderkörpertiefstellung zu beobachten, sondern auch häufig, nachdem der Hund geschlafen hat. Er steht dann meist auf, streckt und verbeugt sich. Bei der folgenden Übung soll Ihr Hund lernen, sich auf Kommando zu verbeugen. Allerdings eignet sich das Training nicht für jeden Hund. Vor allem kleine Hunde mit einem kurzen Rücken und sehr große, schwere Hunde haben etwas Mühe mit dem Verbeugen. Ist dies bei

Bei größeren Hunden ist es hilfreich, zunächst den Bauch mit der Hand zu stützen, um das Ablegen zu verhindern.

Ihrem Hund auch der Fall, dann möchte ich Ihnen empfehlen, diese Übung beim Hunde-IQ-Training ganz auszulassen.

Aufbau

Für den Aufbau dieser Übung bietet es sich an, dass Sie sich auf den Boden knien. Ihr Hund sollte idealerweise seitlich vor Ihnen stehen. Daraufhin führen Sie die Hand wie beim Aufbau des Kommandos »Platz« zum Boden, sodass Ihr Hund mit der Nase folgt. Die zweite Hand wird vorsichtig unter den Bauch gelegt, dadurch helfen Sie ihm zu verstehen, dass er die Hinterbeine weiterhin strecken soll. Sobald er der Hand folgt und mit dem Oberkörper Richtung Boden geht, geben Sie das Markerwort. In den nächsten Übungseinheiten lösen Sie die Hand langsam vom Bauch des Hundes, sodass er lernt, die Hinterbeine selbstständig gerade zu lassen. Der nächste Schritt ist die Veränderung Ihrer eigenen Position. Bleibt Ihr Hund sicher in der Vorderkörpertiefstellung, wird die Übung so aufgebaut, dass Sie vor dem Hund stehen und die Hand, die zur Faust geformt ist, vor dem Kopf Ihres Hundes zum Boden führen. Zunächst können Sie ihn sofort bestätigen, wenn er sich niederbeugt. Als Nächstes führen Sie auch das Wortsignal »Beugen« ein. Das Futter geben Sie Ihrem Hund in der Standposition, so verhindern Sie auch, dass er sich vielleicht doch noch ablegt. Nach mehreren gelungenen Wiederholungen bauen Sie die Hilfe mit der Hand etwas ab. Geben Sie zuerst das Wortsignal, anschließend zeigen Sie Ihrem Hund die Faust. Warten Sie einen Moment ab, wenn er darauf reagiert und sich verbeugt, dann bekommt er das Markerwort. Ansonsten helfen Sie ihm noch einmal, indem Sie wieder die Faust vor ihm zu Boden führen.

Im Weiteren können Sie auch das Bleiben in dieser Position trainieren. So wird auch Ihr Hund zum kleinen Genie im Warten. Geben Sie ihm wieder das Signal zum Verbeugen. Sobald er sich verbeugt, sagen Sie ihm

Mein Tipp

Wenn Ihr Hund nicht auf die Idee kommt, seinen Oberkörper nach vorne zu beugen, dann könnten Sie ihm etwas auf die Sprünge helfen, indem Sie ihn dazu auffordern, Ihre Hand anzustupsen, die Sie unter Ihr ausgestrecktes Bein halten. Um die Hand zu erreichen, muss er sich nach vorn verbeugen. Nutzen Sie diese Position als Ausgangsposition für die Übung »Verbeugen«.

Schieben Sie die Faust direkt vor die Pfoten des Hundes und verharren Sie dort, bis Ihr Hund mit dem Kopf zur Hand geht und sich dadurch verbeugt.

Wenn Ihr Hund nicht auf die Idee kommt, den Oberkörper zu senken, dann können Sie ihm auf die Sprünge helfen, indem Sie ihn mit der Hand unter Ihrem Bein herlocken.

Nachdem Ihr Hund das Leckerchen genommen hat, wird er von allein rückwärtsgehen, bis er wieder vor Ihnen steht.

Der schwierigste Teil ist der Aufbau der Distanz. Hierfür muss sich Ihr Hund schon gut konzentrieren können und selbstständig weitere Schritte anbieten.

»Bleib«, warten zwei Sekunden und geben das Markerwort. Anschließend bauen Sie die Zeit in mehreren Trainingseinheiten auf etwa 15 Sekunden aus. Wenn Ihr Hund schon so weit ist, dass er in dieser Position gut warten kann, können Sie auch anfangen, um ihn herum zu laufen. Lassen Sie sich für den Aufbau dieser Übung jedoch ausreichend Zeit. Gehen Sie zuerst nur einen Schritt und geben das Markerwort, anschließend sind es zwei, dann drei Schritte, bis Sie dann sogar einmal um den Hund herum laufen können, während er vorgebeugt ist. Geben Sie das Markerwort immer erst dann, wenn Sie wieder vor dem Hund stehen.

Rückwärtslaufen

Wenn Ihr Hund lernt, rückwärtszulaufen, wird nicht nur die Intelligenz gefördert, sondern auch gleichzeitig sein Körperbewusstsein trainiert. Auch für ältere Hunde ist das Rückwärtslaufen eine schöne Übung für die Beweglichkeit.

Aufbau

Beim Aufbau dieser Übung wird Ihr Hund zunächst mit einem Leckerchen in die richtige Ausgangsposition gebracht. Stellen Sie sich vor ihn und legen Sie ein Leckerchen zwischen Ihre Fersen. Ihr Hund sollte warten, bis Sie ihm ein Zeichen geben, damit er das Leckerchen aufheben darf. Nachdem er das Futter aufgenommen hat, geben Sie das Wortsignal »Zurück«. Dadurch, dass Ihr Hund nun zwischen Ihren Füßen steht, wird er automatisch ein paar Schritte rückwärtsgehen, bis er Sie wieder ansehen kann. Das erste Markerwort erfolgt während der Rückwärtsbewegung. Seine Belohnung geben Sie ihm auch in der Standposition vor Ihnen.

Nachdem Sie dies einige Male wiederholt haben, warten Sie mit dem Markerwort etwas länger. Ihr Hund wird wie gewohnt rückwärtsgehen, bis er vor Ihnen steht. Geben Sie noch einmal das Wortsignal »Zurück« und führen Sie das Handsignal ein, indem Sie mit beiden Händen eine Winkbewegung von sich weg ausführen. Bleiben Sie jetzt geduldig und lassen Sie sich nicht dazu verleiten, einen Schritt auf Ihren Hund zu zu gehen. Er soll von ganz alleine darauf kommen, dass das Markerwort gegeben wird, wenn er jetzt eine Pfote nach hinten setzt.

Wenn Ihr Hund dies nicht tut und sich stattdessen hinsetzt, starten Sie die Übung von vorne: Belohnen Sie ihn wieder während der Rückwärtsbewegung, bevor er vor Ihnen steht. Im Weiteren bestätigen Sie ihn, wenn er – nachdem er vor Ihnen stand – eine weitere Pfote zurücksetzt. Danach bekommt er das Markerwort, wenn er alle vier Pfoten nach hinten versetzt hat. Wenn Sie im Training so weit sind, dann bietet es sich an, nach dem Markerwort auf Ihren Hund zuzugehen, um ihm das Leckerchen zu geben. So wird er es später nicht eilig haben, zu Ihnen zurückzukommen, sondern bereit sein, mehr Distanz aufzubauen.

Beherrscht Ihr Hund die Übung schon gut, müssen Sie nicht mehr das Leckerchen zwischen die Füße legen, sondern beginnen mit dem Anstupsen der Hand, damit Ihr Hund vor Ihnen steht. Geben Sie anschließend Wort- und Handsignal. Die Distanz können Sie beliebig weit ausbauen.

Rückwärts durch die Beine laufen

Eine Variante des Rückwärtslaufens ist, dass der Hund rückwärts auf Sie zu und dann durch Ihre Beine läuft. Ihr Hund muss für diese Übung nicht unbedingt zuvor das Rückwärtslaufen von Ihnen weg beherrschen. Manche Hunde haben Mühe damit, sich von Ihnen weg zu bewegen. Dann ist es einfacher, zuerst das Rückwärtslaufen durch die Beine zu üben.

Gehen Sie mit Bedacht vor, wenn Sie sich über Ihren Hund stellen. Belohnen Sie ihn zunächst für das ruhige Liegenbleiben.

Wenn Ihr Hund rückwärts zwischen Ihren Beinen weg geht, sobald Sie ihm das Kommando geben, können Sie sich nach mehreren Wiederholungen hinter ihn stellen.

Das Markerwort erfolgt immer dann, wenn Ihr Hund hinter Ihnen angekommen ist.

Aufbau

Zuerst geben Sie Ihrem Hund das Signal zum Hinlegen. Bevor die eigentliche Übung, das Rückwärtslaufen, beginnt, ist es wichtig, dass Ihr Hund liegen bleibt, wenn Sie um ihn herum laufen oder sich vorsichtig über ihn stellen. Bleibt Ihr Hund liegen, erfolgt eine Bestätigung und die eigentliche Übung kann beginnen.

Nun stellen Sie sich neben Ihren Hund und heben das innere Bein über ihn. Gehen Sie so weit nach vorne, dass sich der Kopf des Hundes zwischen Ihren Füßen befindet. Nun geben Sie direkt das Wortsignal, wie z.B. »Zurück«, während Sie Ihre Beine ganz leicht gegen den Hund drücken, sodass er rückwärts aus Ihren Beinen raus geht. Das Leckerchen können Sie ihm nach dem richtigen Ausführen geben, wenn er noch hinter Ihnen steht. Wenn Ihr Hund sicher rückwärts herausgeht, können Sie immer weiter hinten stehen bleiben. Zuerst am Kopf, als Nächstes an den Schulterblättern, danach an den Rippen, bis Sie letztendlich an der Rute angekommen sind.

Nun muss Ihr Hund lernen, mit den Hinterbeinen zu steuern. Stellen Sie Ihre Füße etwas versetzt hin, sodass Ihr Hund ein Bein als Orientierung spürt. Wenn er zielsicher rückwärtsgeht, können Sie damit beginnen, in kleinen Abständen weiter hinter Ihren Hund zu gehen. Die Distanz können Sie beliebig weit ausbauen. Wenn es passiert, dass Ihr Hund umdreht, anstatt rückwärtszulaufen, ist es wichtig, ein paar Übungsschritte zurückzugehen und die Distanz wieder zu verkleinern.

Niedlich – mit der Pfote über das Ohr streichen

Bei dieser Übung lernt Ihr Hund auch ohne die Hilfe Ihrer führenden Hand einen Trick. Sie können jedoch ein Haarband als Hilfe nehmen. Wenn Ihr Hund versucht dieses Band mit seiner Pfote von seinem Ohr zu streifen, wird er dafür bestätigt.

Aufbau

Bevor Sie mit der Übung beginnen, müssen Sie zuerst schauen, ob Sie Ihrem Hund ein Haarband über das Ohr schieben können. Bitte achten Sie darauf, dass Sie ihn dabei nicht bedrängen oder wehtun. Wenn ihm dabei nicht wohl ist, dann machen Sie lieber mit einer anderen Übung weiter. Die Grundvoraussetzung für das effektive Lernen ist – bei allen Übungen –, dass sich Ihr Hund wohlfühlt. Es gibt auch Hunde, die interessieren sich gar nicht für das Haarband und schauen Sie lediglich mit großen Augen an, weil Sie keine Ahnung haben, was Sie von ihm erwarten. Warten Sie jedoch einen Moment, vielleicht wird er doch irgendwann probieren, das Haarband mit der Pfote abzustreifen. Und genau ab dem Punkt beginnt das Training.

Schieben Sie das Haarband über ein Ohr Ihres Hundes und geben Sie schon ein Wortsignal wie »Niedlich«. Nun warten Sie, bis er versucht, das Haarband loszuwerden, indem er mit der Pfote über das Ohr streift. Geben Sie das Markerwort, während die Pfote an dem Ohr ist. Sofern das Haarband nicht sofort abgeht, helfen Sie Ihrem Hund und ziehen das Band ab und geben ihm danach sein verdientes Leckerchen. Probieren Sie diese Übung nur etwa fünfmal nacheinander aus, danach sollten Sie eine Pause einlegen. Denn sonst kann es passieren, dass sich Ihr Hund an das Haarband gewöhnt und keinen weiteren Versuch unternimmt, es abzustreifen.

Ich möchte Ihnen davon abraten, das Haarband um die Schnauze zu schieben, dies ist sicher unangenehm für den Hund, denn er wird zu stark eingeengt und würde auch lernen, einen Maulkorb abzustreifen. Eine angenehmere Möglichkeit ist die Verwendung eines kleinen Post-it-Zettels. Dieser kann ganz leicht abgestreift werden.

Schieben Sie zuerst ein Haargummi über das Ohr des Hundes. Dieses sollte so locker sitzen, dass man es leicht wieder abstreifen kann.

Bei dieser Übung geben Sie das Kommando, sobald der Hund das Haargummi am Ohr hat. Nun warten Sie geduldig ab, bis Ihr Hund versucht, das Haargummi abzustreifen.

Sofern Ihr Hund auf Ihr Signal hin das Haargummi abstreift, können Sie ihn ohne das Hilfsmittel dazu motivieren, mit der Pfote über das Ohr zu streifen.

Wenn Ihr Hund den Kopf noch nicht ablegt, sobald Sie die zwei Finger gespreizt auf den Boden stellen, können Sie den Zeigefinger der anderen Hand dazwischen schieben und diesen so als Zielpunkt verwenden.

Die gespreizten Finger sind auch später das Signal für den Hund, seinen Kopf abzulegen und in der Position zu verharren, bis das Markerwort gegeben wird.

Den Kopf zwischen die Pfoten legen

Ganz gleich, ob Ihr Hund groß oder klein, alt oder jung ist; im Prinzip kann jeder Hund lernen, seinen Kopf auf Kommando zwischen die Pfoten zu legen. Viele Hunde zeigen dieses Verhalten auch, wenn sie warten müssen, und lernen auch schnell, dass kaum ein Hundehalter diesem niedlichen Dackelblick widerstehen kann, wenn der Hund aus dieser Position nach oben schaut.

Aufbau

Für den Aufbau dieser Übung ist es hilfreich, wenn Sie sich vor Ihren liegenden Hund knien. Nun spreizen Sie Zeigefinger und Mittelfinger auseinander und stellen die Fingerspitzen zwischen den Pfoten Ihres Hundes auf den Boden. Halten Sie die Fingerspitzen der freien Hand zwischen die aufgestellten Finger, sodass Ihr Hund seine Nase dazwischen schiebt, um Ihre Hand zu berühren. Sobald der Kopf dann flach auf dem Boden liegt, geben Sie das Markerwort. Das Leckerchen können Sie Ihrem Hund in der liegenden Position geben. Nach mehreren Wiederholungen geben Sie das Wortsignal »Köpfchen«, bevor Sie die Finger auf den Boden stellen. Sofern Ihr Hund den Kopf schon senkt, sobald die gespreizten Finger gezeigt werden, benötigen Sie die zweite Hand nicht mehr zum Anstupsen. Im weiteren Training geben Sie das Wortsignal und zeigen die gespreizten Finger. Warten Sie einen Moment ab, vielleicht kommt Ihr Hund schon auf die Idee, seinen Kopf abzulegen. Wenn dies nicht der Fall ist, helfen Sie ihm noch mal und stellen die gespreizten Finger ab. Mit ein bisschen Training sollte Ihr Hund schon bald verstehen, dass Wortsignal und die gespreizten Finger bedeuten, dass er den Kopf ablegen soll. Dann bauen Sie das Bleiben in der Position auf, indem Sie das Wortsignal »Köpfchen« geben und weiterhin das Kommando zum Bleiben. Zunächst erfolgt das Markerwort nach wenigen Sekunden. Im Anschluss kann das Bleiben beliebig weit ausgebaut werden.

Auf den Arm springen

Die nächste Übung eignet sich eher für sportliche und leichte Hunde. Auch wenn ein großer Hund gut springen kann, wird es Ihnen vielleicht schwerfallen, Ihren Hund zu fangen. Für den Aufbau dieser Übung müssen Sie die Möglichkeit haben, sich an etwas anzulehnen, wie z. B. an eine Wand oder an einen Baum.

Aufbau

Setzen Sie sich zunächst mit gestreckten Beinen auf den Boden. Nun locken Sie Ihren Hund mit der Hand über die Beine. Sobald er auf Ihren Beinen steht und Ihre Hand berührt, erfolgt das Markerwort. Das Futter können Sie ihm ebenfalls in dieser Position geben, oder Sie lassen ihn zuerst auf die andere Seite rüberlaufen und geben ihm dann seine Belohnung. Im Folgenden lehnen Sie sich stehend an einen Baum und geben das Handsignal für diese Übung, indem Sie mit der äußeren Hand auf Ihren Oberkörper klopfen. Ein Wortsignal braucht es nicht unbedingt, Ihre Körpersprache sollte ausreichend sein. Animieren Sie Ihren Hund wieder, Ihrer Hand zu folgen, sodass er über Ihre leicht angewinkelten Oberschenkel springt. Hierfür ist es wichtig, die Hand auf Höhe der Schulter nach hinten zu halten, um zu verhindern, dass Ihr Hund vorne um Ihre Beine läuft. Bei größeren Hunden können Sie sich auch auf einen Stuhl setzen und Ihren Hund ermutigen, auf Ihren Schoß zu springen.

Wenn Ihr Hund auf Ihren Oberschenkeln steht, halten Sie ihn mit der freien Hand kurz fest, indem Sie von oben um seinen Körper greifen. Geben Sie das Markerwort und legen Sie die äußere Hand, mit der Sie Ihren Hund zuerst auf die Beine gelockt haben, kurz vorne um den Hund, bevor Sie ihn wieder loslassen. Die Beine dienen anfangs als Stütze. Je weiter Sie sich aufrichten, desto schwieriger wird es für den Hund, Halt zu finden.

Nachdem Ihr Hund das Leckerchen bekommen hat, können Sie ihn mit der freien Hand stützen, bevor er dann wieder hinunterspringen darf.

Wenn Sie genügend Standfestigkeit haben, steht dem fröhlichen Sprung auf den Arm nach einem guten Aufbau nichts mehr im Wege.

Somit müssen Sie ihn geschickt auffangen, indem Sie mit den Händen wie beschrieben um ihn greifen. Achten Sie darauf, dass Sie ihn dabei nicht zu sehr einengen.

Durch die Arme springen

Im Gegensatz zur vorherigen Übung, bei der Sie Ihren Hund auffangen müssen, verläuft das Springen durch die zum Kreis geformten Arme ohne Körperkontakt. Auch größere Hunde können diese Übung lernen. Allerdings würde ich Ihnen dann empfehlen, die Arme nicht zu einem Kreis zu formen, sondern den Hund einfach von hinten über den gestreckten Arm springen zu lassen. So vermeiden Sie schmerzhafte Zusammenstöße.

Aufbau

Beim Aufbau dieser Übung kommt der Zielpunkt wieder zum Einsatz. Ihr Hund sollte schon gelernt haben, zu einem Gegenstand zu laufen. Diese Übung wiederholen Sie zunächst. Setzen Sie Ihren Hund neben einer Wand oder einem Zaun ab und legen Sie den Zielpunkt etwa zwei Meter entfernt auf den Boden. Nun knien Sie sich zwischen Ihren Hund und den Zielpunkt. Zunächst schicken Sie ihn auf direktem Wege zum Zielpunkt. Geben Sie das Markerwort, sobald er diesen berührt. Es bietet sich an, das Leckerchen wieder auf die andere Seite zu rollen, sodass Ihr Hund an Ihnen vorbeiläuft und wieder hinter Ihnen steht. Nun strecken Sie den Arm aus und berühren mit den Fingerspitzen die Wand. Versuchen Sie den Arm zunächst recht flach zu halten. Nun schicken Sie Ihren Hund wieder zu dem Zielpunkt. Ihr Hund sollte

Wenn Ihr Hund dazu neigt, sich schon beim Sprung zu Ihnen zu drehen, ist der Zielpunkt sehr hilfreich, um ihm beizubringen, dass er nach vorn schauen muss.

dann über Ihren Arm springen und weiter zum Zielpunkt laufen. Nachdem Sie das Markerwort gegeben haben, nehmen Sie den gestreckten Arm beiseite und rollen das Leckerchen wieder an sich vorbei.

Sofern Ihr Hund, ohne zu zögern, über den Arm springt, gehen Sie zum nächsten Schritt über. Falls Ihr Hund versucht, unter dem Arm herzulaufen, oder sogar an der anderen Seite an Ihnen vorbeiläuft, dann strecken Sie zunächst nur das Bein seitlich aus, denn dieses können Sie flacher halten als Ihren Arm.

Nachdem Sie den Arm so weit angehoben haben, dass Ihr Hund noch gut darüber springen kann, stellen Sie sich hin und beugen sich so seitlich nach vorne, dass Sie nun den äußeren Arm auf die Seite der Wand halten und den inneren Arm von oben zur Wand strecken, sodass Ihre Arme einen Kreis bilden. Nun geben Sie Ihrem Hund das Wortsignal »Sprung«. Ihr Hund sollte nun mit Anlauf durch die Arme springen und weiter zum Zielpunkt laufen. Geben Sie das Markerwort und wiederholen Sie diesen Abschnitt mehrmals. Danach entfernen Sie sich von der Wand, sodass Ihr Hund auch ohne Begrenzung durch die Arme springt.

Anschließend ist es an der Zeit, den Zielpunkt beiseitezulegen. Setzen Sie Ihren Hund hinter sich ab, gehen Sie etwa zwei Schritte von ihm weg und geben Sie ihm das Wortsignal »Sprung«. Wenn er nun an Ihnen vorbeiläuft oder nicht springt, dann machen Sie noch ein paar weitere Wiederholungen mit dem Zielpunkt und geben Sie das Markerwort schon, wenn Ihr Hund gerade gelandet ist. Er muss dann nicht mehr bis zum Zielpunkt laufen, sondern bekommt direkt die Belohnung, die Sie wieder hinter sich rollen oder aus der Hand geben.

Sobald Ihr Hund über den Arm springt, können Sie mit den Armen einen Kreis bilden. Passen Sie dabei die Höhe der Größe Ihres Hundes an.

Das Apportier-training

Das Apportiertraining geht beim Hunde-IQ-Training weit über das einfache Ballholen hinaus. Viele Hunde sind bei den folgenden Übungen mit großem Eifer dabei.

Übungen für jeden Hund

Einigen Rassen, wie den Retrievern, liegt das Apportieren förmlich im Blut. Auch andere Rassen können viel Freude am Apportieren entwickeln. Das Training dafür muss allerdings durchdacht aufgebaut werden, wenn es darüber hinausgehen soll, dem Hund Bällchen zu werfen, die er anschließend vor die Füße fallen lässt.

Aufbau mit einem Welpen

Der Aufbau des Tragens von Gegenständen mit einem Welpen erfolgt spielerisch und basiert auf dem natürlichen Bringtrieb. Als Apportiergegenstand benötigen Sie ein weiches Spielzeug, dies kann z. B. ein Leinentuch mit Knoten oder ein kleines Dummy für Welpen sein.

Aufbau

Zunächst knien Sie sich auf den Boden und spielen mit dem Dummy. Sobald Sie das Interesse des Welpen geweckt haben, geben Sie ihm das Dummy. Streicheln Sie den Hund aufmunternd, bevor Sie das Markerwort geben und das Dummy mit dem Kommando »Aus« wieder zurücknehmen ohne daran zu zerren. Anschließend geben Sie Ihrem Hund ein Leckerchen. Wenn Sie allerdings merken, dass Ihr Hund kein Interesse mehr an dem Spielzeug zeigt, sobald das Futter ins Spiel kommt, empfehle ich Ihnen, dass Sie die Übung zunächst ohne Markerwort und Leckerchen ausprobieren. Allerdings ist es wichtig, dass Sie Ihren Hund loben, bevor Sie ihm das Spielzeug wieder abnehmen.

Hunde, die Freude am Apportieren gefunden haben, können sogar lernen, verschiedene Gegenstände vorsichtig aufzunehmen und zu Ihnen zu bringen.

Wenn Ihr Hund freudig auf Ihr Spiel eingegangen ist, können Sie dem Welpen das Dummy geben und sich zügig von ihm weg bewegen. Der natürliche Folgetrieb ist in den ersten Monaten noch stark ausgeprägt und wird dazu führen, dass er Ihnen hinterherrennt. Nach wenigen Metern setzen Sie sich wieder auf den Boden und loben Ihren Welpen ausführlich.

Gehen Sie bei diesen Übungen behutsam vor. Sollte der Welpe einen Übungsschritt nicht sofort verstehen, gehen Sie noch mal einen Schritt zurück, sodass er wieder zum Erfolg kommt. Korrekturen sind bei dem jungen Hund fehl am Platz und würden die Motivation vermindern.

Meine junge Border-Collie-Hündin Ava hatte zu Beginn große Mühe zu verstehen, dass man dieses Spielzeug überhaupt ins Maul nehmen kann, ihr Interesse galt mehr meiner Hand als dem Objekt, das ich im Zickzack vor ihrer Nase herführte. Es dauerte ein paar Trainingseinheiten, bis mir auffiel, dass ihr meine Bewegungen zu schnell waren und dass sie aufgrund ihres angeborenen Hüteinstinktes damit beschäftigt war zu beobachten, was passiert, anstatt das Spielzeug zu fangen. Als ich begann, meine Hand deutlich langsamer zu bewegen, weckte ich auch ihr Interesse, und sie versuchte vorsichtig mit dem Maul nach dem Spielzeug zu fassen. Es dauerte drei Wochen, bis Ava verstanden hatte, dass man ein Spielzeug heranbringen und in die Hand des Menschen legen kann.

Aufbau mit einem erwachsenen Hund

Mit einem erwachsenen Hund, der das Apportieren noch nicht gelernt hat, können Sie im Prinzip den gleichen Aufbau machen wie mit einem Welpen. Wenn Ihr Hund allerdings nicht so spielmotiviert ist, dann ist es sinnvoller, nicht über die Spielmotivation zu gehen, sondern die Übung direkt so aufzubauen, dass Ihr Hund

Wenn Ihr Welpe das Spielzeug im Maul hat, loben und streicheln Sie ihn ausgiebig, bis Sie es zurücknehmen.

Im Weiteren sollte Ihr Hund lernen, das Spielzeug aus Ihrer Hand zu nehmen und auch wieder abzugeben.

Sofern Ihr Welpe Interesse an dem Spielzeug hat, geben Sie ihm dieses und laufen etwas davon, sodass er mit dem Spielzeug hinter Ihnen herrennt.

Mein Tipp

Dummys sind prall gefüllte Leinensäcke, schwimmfähig und wiegen 80, 150, 250 oder 500 Gramm. Diese sind optimal für das Apportiertraining.

Apportieren bedeutet: Loslaufen, aufheben, zurückkommen und abgeben. Legen Sie los! Ihr Hund kann das auch lernen.

sein Köpfchen anstrengen muss, um die Aufgabe zu bewältigen. Folgenden Aufbau können Sie generell mit jedem Hund absolvieren. Jedoch gibt es Hunde, die nicht viel dafür übrighaben, einen Gegenstand ins Maul zu nehmen. Bei dieser Übung brauchen Sie vor allem viel Geduld. Nehmen Sie zunächst einen weichen Gegenstand. Ist Ihr Hund schon ein kleiner Profi im Apportieren, können Sie diesen Aufbau mit jedem tragbaren Gegenstand ausführen, sei es ein Spielzeug, die Zeitung oder eine Tragetasche.

Einen unbekannten Gegenstand aufheben

Bei dieser Übung geht es darum, dass Ihr Hund ganz bewusst einen Gegenstand aufhebt, ohne dass Sie den Gegenstand vorher im Spiel interessant gemacht haben. Denn wenn Ihr Hund lernen soll, ein Portemonnaie, das er gefunden hat, aufzuheben und in Ihre Hand zu geben, wirbeln Sie dies ja vorher auch nicht durch die Gegend, damit er sich dafür interessiert.

Aufbau

Zunächst lassen Sie Ihren Hund an dem neuen Gegenstand schnuppern. Berührt er es mit dem Maul, geben Sie das Markerwort. Das Leckerchen können Sie Ihrem Hund direkt aus der Hand geben. Anschließend warten Sie, bis er von sich aus das Maul etwas öffnet oder versucht, den Gegenstand zu fassen. Dies kann einige Zeit dauern. Wenn Ihr Hund zu den Hunden gehört, die noch nicht mit dem Tragen von Gegenständen vertraut sind, dann bestätigen Sie jegliches Interesse, auch wenn er mit der Pfote an den Gegenstand stupst. Zuerst ist es wichtig, dass er überhaupt mitmacht und etwas ausprobiert.

Im zweiten Schritt legen Sie den Gegenstand auf den Boden und zeigen mit der gestreckten Hand darauf.

Schauen Sie am besten nicht zum Hund, sondern auch auf den Gegenstand, so geben Sie ihm ein deutliches Zeichen, dass Ihr Interesse dem Gegenstand gilt – schon bald wird auch er dort hinschauen. Hier erfolgt zunächst wieder das Markerwort, wenn der Hund den Gegenstand mit dem Maul berührt, und nach einigen Wiederholungen erfolgt die Bestätigung erst, wenn der Hund den Gegenstand kurz in den Fang nimmt. Wenn dieser Teil der Übung gut funktioniert, warten Sie mit dem Markerwort so lange, bis Ihr Hund den Gegenstand ins Maul nimmt und sich auf Sie zu bewegt. Hier wird jede kleine Bewegung in die richtige Richtung belohnt, bis Ihr Hund zielstrebig auf Sie zukommt. Zum Abschluss dieser Übung strecken Sie die Hand aus und bestätigen erst dann, wenn Ihr Hund den Gegenstand in Ihre Hand gelegt hat.

Ich möchte Sie noch einmal darauf hinweisen, dass diese Übung sehr viel Geduld von Ihnen erfordern kann. Hunde, die gerne Apportieren, können den Aufbau in ein bis zwei Trainingseinheiten lernen. Die Mehrheit der Hunde wird jedoch mehrere Wochen mit regelmäßigem Training benötigen, um zu verstehen, was Sie möchten. Wenn Ihr Hund dann gelernt hat, Gegenstände aufzuheben und in Ihre Hand zu legen, wurde sein Verhaltensrepertoire erweitert und seine Intelligenz gefördert, was genau das Ziel des Hunde-IQ-Trainings ist.

Gegenstand festhalten

Wenn Ihr Hund verstanden hat, dass er den Gegenstand aufheben und zu Ihnen bringen soll und dafür sogar hinter Ihnen herläuft, kommt der zweite Teil der Übung, das Festhalten und Abgeben, an die Reihe.

Aufbau

Zunächst sitzt Ihr Hund vor Ihnen und Sie geben ihm den Gegenstand in den Fang. Nun nehmen Sie Ihre

Zuerst machen Sie Ihren Hund mit dem neuen Gegenstand vertraut. Bestätigen Sie anfangs schon das Schnuppern an dem Portemonnaie.

Besonders bei Gegenständen wie einem Portemonnaie, Schlüssel oder Handy muss Ihr Hund lernen, den Gegenstand vorsichtig zu fassen und wieder in Ihre Hand zu legen.

Im Weiteren wird der Gegenstand auf den Boden gelegt. Dann motivieren Sie Ihren Hund, diesen zu apportieren.

Um das Festhalten des Gegenstandes auszubauen, geben Sie Ihrem sitzenden Hund den Gegenstand, lassen kurz los und nehmen diesen dann wieder zurück.

Wenn Ihr Hund den Gegenstand gut festhält, warten Sie einen Moment, bevor Sie diesen wieder abnehmen.

Der schwierigste Teil des Festhaltens ist, wenn Ihr Hund noch ein weiteres Kommando ausführen soll, während er den Gegenstand im Maul hat.

Hände für einen kurzen Moment zurück. Anschließend erfolgt das Markerwort und zeitgleich führen Sie Ihre Hände unter den Fang, sodass der Gegenstand hineinfällt. Bei der nächsten Wiederholung warten Sie etwas länger, bevor Sie das Markerwort geben. Wenn Ihr Hund den Gegenstand längere Zeit festhält und zuverlässig auf Ihr Markerwort wartet, ist es an der Zeit, die Übung weiter auszubauen. Nun legen Sie den Gegenstand auf den Boden und geben Ihrem Hund das Signal zum Aufheben. Wenn er dann auf Sie zukommt, gehen Sie einen kleinen Schritt zurück, führen wieder beide Hände unter den Fang des Hundes und geben zeitgleich das Markerwort. Achten Sie darauf, dass Sie sich nicht über den Hund beugen, dies führt meist dazu, dass der Hund den Gegenstand fallen lässt. Ist dieser Trainingsschritt absolviert, erfolgt vor dem Markerwort das Signal zum Hinsetzen. Sie können Ihrem Hund das Hinsetzen und Festhalten erleichtern, indem Sie eine leichte Rückwärtsbewegung machen und dabei Ihre Hände noch mal nach oben ziehen. Eine weitere Möglichkeit, das sichere Festhalten auszubauen, ist das Fußlaufen mit dem Gegenstand im Fang.

Gedächtnistraining durch Marking

Bei dieser Übung geht es darum, dass sich Ihr Hund merkt, wohin Sie das Spielzeug – in der weiteren Beschreibung »Dummy« genannt – auf die Wiese geworfen haben. Als Hundehalter haben Sie sicher schon mal bemerkt, wie schwierig es ist zu behalten, wo auf der Wiese Sie das Geschäft Ihres Hundes einsammeln wollten. Sie hatten den Ort genau im Blick, doch als Sie dachten, angekommen zu sein, ist es einfach nicht auffindbar. Nun können Sie sich in etwa vorstellen, wie schwierig es für Ihren Hund ist, sich die Fallstellen von mehreren Dummys zu merken. Mit dem sogenannten Marking können Sie die Gedächtnisleistung Ihres Hundes trainieren.

Aufbau

Bei dieser Übung sitzt der Hund neben Ihnen und schaut zu, wie Sie einen Dummy werfen. Zunächst sollten Sie auf einer gemähten Wiese trainieren, sodass Ihr Hund die Fallstelle gut sehen kann. Warten Sie einen kleinen Moment ab, nachdem das Dummy gefallen ist, bevor Sie Ihren Hund mit dem Kommando »Apport« und einer ruhigen Handbewegung zum Apportieren schicken. Ziel ist, dass sich Ihr Hund konzentriert, die Fallstelle zügig findet und nicht lange danach suchen muss. Anschließend können Sie die Dauer des Wartens erhöhen, bevor Sie ihn wieder zum Apportieren schicken. Wenn er diesen Übungsschritt verstanden hat, wird die Anzahl der Dummys gesteigert. Zunächst werden zwei Dummys nacheinander in die Wiese geworfen. Um Ihrem Hund die Entscheidung zu erleichtern, welches er zuerst apportieren soll, werfen Sie die beiden Dummys nicht direkt nach vorne und nebeneinander, sondern eher nach links und rechts auseinander. Schicken Sie Ihren Hund nun zum Apportieren. Er darf frei wählen, welches Dummy er zuerst zurückbringt. Nach der Abgabe geben Sie ihm das Markerwort und sein verdientes Leckerchen. Anschließend geben Sie Ihm wieder direkt aus der Grundposition das Kommando zum Apport. Weitere Möglichkeiten, das Marking abwechslungsreich zu gestalten, sind, das Training in unterschiedlichen Landschaften zu üben, z.B. auf einer Wiese mit hohem Gras oder im Wald.

Eine willkommene Abwechslung für den Hund ist das Apportieren aus dem Wasser. Besonders bei wasserfreudigen Hunden ist die Aufregung oft sehr groß, wenn der Sprung ins kühle Nass bevorsteht. Achten Sie darauf, dass Ihr Hund zuerst ruhig wartet, bevor Sie ihn zum Apportieren freigeben. Eine weitere Möglichkeit, das Training zu variieren, ist, dass Sie zuerst ein Dummy werfen, anschließend Ihrem Hund das Kommando »Fuß« geben und ein paar Schritte laufen, bevor er apportieren darf.

Bei den Markierungsübungen muss Ihr Hund genau aufpassen, wo das Dummy hinfällt.

Hat Ihr Hund das Dummy zielsicher gefunden und zurückgebracht? Dann können Sie auch zwei oder drei Dummys werfen.

Für richtig kluge Köpfe wäre die nächste Herausforderung, zuerst eine andere Aufgabe auszuführen, bevor der Hund das Dummy apportieren darf.

Der Assistent im Alltag

Ist Ihr Hund schon ein kluges Köpfchen im Hunde-IQ-Training? Dann kann er bestimmt mit Leichtigkeit zum Assistenten im Alltag werden.

Über die folgenden Übungen

Mit dem Hunde-IQ-Trainingsprinzip kann Ihr Hund sogar lernen, Gegenstände zu ziehen und zu schieben.

Sie können Ihrem Hund beibringen, Schubladen zu schließen, die Wäsche in den Korb zu räumen oder den Schlüssel von der Ablage zu bringen. So wird er sogar zum intelligenten Assistenten im Alltag.

Es gilt daran zu denken, dass vor allem ein junger Hund seine Intelligenz so einsetzen kann, dass das, was er beim Hunde-IQ gelernt hat, auch im Alltag ausführt. Daher empfehle ich Ihnen, Ihren Hund nicht an der Tür des Brotschrankes ziehen zu lassen. Nehmen Sie lieber einen kleinen Übungstisch und knoten Sie ein Seil an die Schublade. So lernt Ihr Hund, dass er nur an dem Seil ziehen darf, nicht aber an dem Griff einer Schublade. Schließlich ist der Schrankinhalt für Ihren Hund tabu. Das Schließen einer Tür kann praktisch sein. Ich persönlich würde meinem Hund jedoch nicht beibringen, eine Tür zu öffnen. Seien Sie sich über die möglichen Folgen im Klaren.

Gegenstände ziehen

Das Ziehen von Gegenständen ist für Ihren Hund generell etwas schwieriger als das Schieben. Allerdings würde ich Ihnen raten, dennoch mit dem Übungsaufbau für das Ziehen zu beginnen. Denn wenn Ihr Hund erst einmal gelernt hat, etwas zu schieben, kann es sein, dass es ihm noch schwerer fällt, auf die Idee zu kommen, den Gegenstand zu ziehen.

Schublade öffnen

Bei dieser Übung ist es das Ziel, dass der Hund an einer Schnur zieht, um damit eine Schublade zu öffnen.

Aufbau

Zunächst nehmen Sie ein Seil in die Hand und stellen sich vor Ihren Hund. Die ersten Übungsschritte erfordern etwas Geduld. Wichtig ist, dass Sie das Seil nicht durch Hin- und Her-Schwenken interessant machen, denn dann könnte Ihr Hund diese Übung mit einem Zerrspiel verwechseln. Sinn der Übung ist jedoch, dass der Hund lernt, an einem unbewegten Gegenstand zu ziehen. Zunächst bestätigen Sie schon das Anstupsen des Seils, gehen jedoch nach einigen Wiederholungen dazu über, erst dann das Markerwort zu geben, wenn Ihr Hund das Maul öffnet und das Seil mit den Zähnen berührt. Gehen Sie in kleinen Schritten vor. Wenn Ihr Hund sicher das Seil in das Maul nimmt, zögern Sie das Markerwort noch heraus. Sie geben es ab diesem Zeitpunkt nur dann, wenn Ihr Hund leichten Zug auf das Seil ausübt.

Nun können Sie das Wortsignal »Ziehen« einführen. Wenn Ihr Hund auf Kommando an dem Seil zieht, wird das Seil an den Schubladenknopf geknotet. Zeigen Sie

Ihr Hund sollte lernen, dass er nicht direkt an dem Gegenstand, sondern an einem Seil zieht. So verhindern Sie, dass er später auf die Idee kommt, die Schubladen allein zu öffnen.

Knoten Sie dann das Seil an den Gegenstand und motivieren Sie Ihren Hund, wieder daran zu ziehen.

Stellen Sie sich hinter den Hund, sodass er das Seil zu Ihnen zieht und loslässt, sobald Sie das Markerwort geben.

auf das Seil und geben Sie das Wortsignal »Ziehen«. Bestätigen Sie anfangs schon, wenn Ihr Hund das Seil wieder vorsichtig in sein Maul nimmt. Sobald er verstanden hat, dass er an dem Seil ziehen muss, warten Sie mit der Bestätigung, bis Ihr Hund kräftiger an dem Seil zieht und sich etwas rückwärtsbewegt. Das Markerwort erfolgt dann, wenn Sie Ihrem Hund signalisieren möchten, dass die Schublade nun weit genug geöffnet ist und er das Seil loslassen kann.

Nachdem Ihr Hund auf das Wortsignal »Ziehen« die Schublade öffnet, können Sie die Übung mit dem Apportieren verbinden, indem Sie ihn ermuntern, die Taschentuchpackung oder einen anderen Gegenstand aus der Schublade zu holen.

Den Übungsaufbau können Sie auch auf andere Objekte übertragen. Ein Beispiel ist das Öffnen der Schnürsenkel. Wichtig ist hierbei jedoch, dass Ihr Hund diese Übung nur auf Ihr Kommando hin ausführt und nicht später beim Spaziergang versucht, Ihren Schuh zu öffnen. Nehmen Sie für den Übungsaufbau zunächst den Schuh in die Hand, bis Ihr Hund gelernt hat, an dem Senkel zu ziehen. Anschließend ziehen Sie den Schuh an und geben wieder das Wortsignal zum Ziehen.

Kiste ziehen

Eine weitere Möglichkeit des Ziehens ist, das Seil an einem Korb oder einer Kiste zu befestigen. Anders als beim Schubladenöffnen wird die Kiste jedoch über eine

Das Öffnen der Schublade kann auch mit dem Heranbringen von Gegenständen verbunden werden.

Bitte öffnen! Auch das Ziehen an anderen Seilen wie dem Schnürsenkel kann Ihr Hund dann im Handumdrehen lernen.

längere Strecke gezogen. Ihr Hund kann dadurch sogar lernen, sie an einen bestimmten Ort zu bringen.

Aufbau

Die ersten Übungsschritte sind wie beim Öffnen der Schublade. Wenn Ihr Hund an dem Seil zieht und die Kiste ein Stück bewegt, können Sie ihm beibringen, die Kiste zu Ihnen oder an einen bestimmten Ort zu ziehen. Hierfür stellen Sie sich zunächst ein paar Schritte hinter den Hund und ermuntern ihn, an dem Seil zu ziehen. Wichtig ist, dass der Gegenstand so beschaffen ist, dass dieser nicht einfach aufgenommen und getragen werden kann. Zunächst geben Sie schon das Markerwort, wenn der Hund die Kiste in Ihre Richtung bewegt, und bauen anschließend die Übung langsam aus, bis das Seil in Ihre Hand abgegeben wird. Sobald Ihr Hund verstanden hat, den Gegenstand zu ziehen, bis Sie das Seil nehmen, können die Distanz und der Ort variiert werden. Das Leckerchen können Sie Ihrem Hund direkt aus der Hand geben.

Eine weitere interessante Möglichkeit, das Ziehen auszubauen, ist das Sockenausziehen. Hierbei nehmen Sie auch zuerst den Socken in die Hand – wie bei der Übung mit dem Schuh und dem Schnürsenkel. Wenn Ihr Hund bereits daran zieht, streifen Sie den Socken zuerst über die Hand, sodass die Spitze der Socke noch locker ist. Geben Sie nur das Markerwort, wenn Ihr Hund vorsichtig an der Spitze zieht. Anschließend ist es an der Zeit, den Socken wieder über den Fuß zu ziehen und zu üben, dass er auch hier den Socken abzieht.

Die fortgeschrittene Übung ist das Ziehen von Gegenständen, die zu groß zum Apportieren sind.

Ihr Hund lernt dann, den Gegenstand so weit zu ziehen, bis er das Seil in Ihre Hand legen kann.

Gegenstände schieben

Ihr Hund kann lernen, seine Nase oder auch seine Pfote einzusetzen, um einen Gegenstand zu schieben. Ich möchte Ihnen empfehlen, im Training vorrangig das Schieben mit der Nase zu üben. Denn wenn Ihr Hund wirklich einmal eine Schublade schließen soll, dann könnten die Pfoten dabei unschöne Kratzer hinterlassen.

Schublade schließen

Das Schieben von Gegenständen oder das Schließen von Schubladen und Türen ist eine praktische Übung, die auch im Alltag Anwendung finden kann. Hier wird ein kleiner Beistelltisch mit Schublade verwendet. Ein weiteres Utensil für den Aufbau der Übung ist ein kleiner Untersetzer oder Ähnliches, was als Zielpunkt verwendet wird.

Aufbau

Die ersten Trainingsschritte sind wie bei der Übung des Handanstupsens. Zunächst stellen Sie sich vor Ihren Hund und halten den Zielpunkt in der Hand. Das Markerwort erfolgt, sobald Ihr Hund mit der Nase an den Zielpunkt stupst. Bei dieser Übung können Sie das Leckerchen aus der Hand geben oder über den Boden

Bestätigen Sie Ihren Hund genau dann mit dem Markerwort, wenn er die Schublade bewegt.

Ohne den Zielpunkt kann es etwas dauern, bis Ihrem Hund einfällt, dass er die Schublade trotzdem zuschieben könnte.

rollen und ihn somit etwas von dem Zielpunkt entfernen. Halten Sie den Zielpunkt in die Nähe der Schublade. Bestätigen Sie Ihren Hund erst dann, wenn er mit etwas Druck gegen den Zielpunkt stupst. Im Anschluss wird der Zielpunkt direkt an der Schublade befestigt. Wenn Ihr Hund den Punkt mit der Nase berührt, erfolgt das Markerwort. Sobald sich durch das Anstupsen die Schublade bewegt, beginnen Sie damit, das Wortsignal wie z. B. »Schließen« einzuführen.

Zögern Sie die Bestätigung mit der Zeit so weit hinaus, bis Ihr Hund die Schublade durch das Anstupsen vollständig schließt. Sie können den Zielpunkt von der Schublade entfernen, wenn er auf Kommando direkt die Schublade zuschiebt. Nun ist es sinnvoll, noch einmal einen Übungsschritt zurückzugehen und das Anstupsen der Schublade zu bestätigen, um den Übergang ohne das Hilfsmittel zu erleichtern.

Das Anstupsen und Schieben mit der Schnauze kann wie das Ziehen auch auf diverse Gegenstände übertragen werden. Das An- und Ausschalten des Lichtschalters wird z. B. auf die gleiche Weise trainiert. Überlegen Sie jedoch genau, ob Sie möchten, dass sich Ihr Hund an der Wand aufstellt, um an den Lichtschalter zu gelangen. Natürlich spielt hierbei auch die Größe Ihres Hundes eine Rolle. Wenn Sie bei der Lichtschalter-Übung mit dem Zielpunkt arbeiten, ist es wichtig, diesen nur langsam immer etwas höher zum Lichtschalter zu führen, denn erst muss Ihr Hund ja lernen, sich dafür aufzurichten.

Außerdem könnte Ihr Hund auch lernen, die Tür zu schließen. Das Öffnen einer Tür würde ich dem Hund allerdings nicht beibringen.

Das Licht an- und ausschalten ist eine weitere praktische Übung. So wird Ihr Hund langsam zum Assistenten im Alltag.

Training mit Gegenständen

Wenn Ihr Hund bereits gelernt hat, einen Gegenstand in Ihre Hand zu geben, dann sollte die nächste Übung – das Aufräumen – keine große Schwierigkeit mehr darstellen. Und das wäre nicht nur eine gute Beschäftigung für Ihren Hund, sondern auch für Sie sehr praktisch, wenn er in der Lage ist, sein eigenes Spielzeug wegzuräumen.

Aufräumen

Bevor Sie mit der eigentlichen Übung beginnen, können Sie Ihren Hund mit der Box vertraut machen, indem Sie ihn die Gegenstände aus der Box apportieren lassen. Danach legen Sie die Gegenstände in einiger Entfernung auf den Boden. Zunächst knien Sie sich so hin, dass die Box nah vor Ihnen steht. Zudem halten Sie Ihre Hand über die Box, sodass der Hund das Spielzeug in die Hand legen kann. Im nächsten Durchgang wird die Hand weggezogen und Sie geben das Markerwort, sobald das Spielzeug in die Box fällt. Geben Sie ihm nun das Leckerchen aus Ihrer Hand und schicken Sie ihn zum nächsten Spielzeug. Nun zeigen Sie nur noch mit der Hand auf die Box und geben Ihrem Hund das Kommando zum Loslassen, während der Hund mit seiner Schnauze über der Box ist. Wenn Ihr Hund diesen Übungsschritt sicher ausführt und den Gegenstand in die Box fallen lässt, können Sie ein neues Wortsignal

Wenn Ihr Hund gerne apportiert und die Grundlagen schon längst mit Leichtigkeit beherrscht, bringen Sie ihm doch bei, die Gegenstände ordentlich zu verräumen.

einführen, wie z.B. »Aufräumen«. Sobald Ihr Hund erkannt hat, dass es seine Aufgabe ist, das Spielzeug in die Box zu legen, ist es möglich, den Abstand zur Box zu vergrößern. Stehen Sie also beim nächsten Mal auf und gehen Sie bei jeder Wiederholung einen Schritt weiter von der Box weg.

Gegenstände unterscheiden – Namen lernen

Das Unterscheiden von Gegenständen gehört schon zu den fortgeschrittenen Übungen. Hierbei ist es wichtig, dass Ihr Hund schon gelernt hat, auf Worte zu reagieren, ohne dass ihm mit einem Handzeichen geholfen wird. Wenn er nur auf die Körpersprache achtet und die Wörter gar nicht richtig wahrnimmt, dann wird er keine Chance haben, den richtigen Gegenstand zu bringen.

Für diese Übung benötigen Sie zwei Gegenstände, deren Namen gelernt werden sollen (Leine und Schuh) und ein drittes Objekt (Spielzeug), das beim Training helfen wird, das Gelernte zu festigen. Sehen Sie davon ab, das Lieblingsspielzeug Ihres Hundes zu nehmen, denn wenn das Interesse an diesem Gegenstand zu groß ist, dann kann es sein, dass er die Aufgabe nicht lernt, weil er nur Augen für sein Spielzeug hat.

Aufbau

Zuerst lernt der Hund den Schuh auf das Kommando »Bring den Schuh!« zu apportieren. Hierzu legen Sie den Schuh ein paar Meter entfernt auf den Boden, geben dann das Wortsignal »Schuh« und schicken Ihren Hund zum Apportieren. Wenn er den Schuh, ohne zu zögern, zu Ihnen bringt, erfolgt der nächste Schritt. Ansonsten üben Sie weiter, bis es klappt. Das unbenannte Spielzeug wird in etwa zwei Meter Entfernung hinter den Schuh gelegt. Geben Sie das Kommando »Bring den Schuh!« mit der Betonung auf dem Wort Schuh«. Wenn Ihr Hund bei dem Schuh angekommen ist, erfolgt ein Lobwort, um den Hund zu motivieren, den Schuh zu bringen. Bringt der Hund jedoch das Spielzeug, nehmen Sie dieses auch an, es erfolgt jedoch keine Belohnung. Stattdessen schicken Sie ihn direkt noch einmal los, um den Schuh zu apportieren. Wenn er diesen bringt, geben Sie ihm das Markerwort und anschließend ein Leckerchen aus der Hand.

Bei jedem Durchgang wird das Spielzeug etwas näher an den Schuh gelegt, bis beide Gegenstände nebeneinanderliegen. Bringt Ihr Hund zuverlässig den Schuh, ist es Zeit, mit dem zweiten Gegenstand zu beginnen. Wiederholen Sie den gleichen Aufbau in einer anderen Trainingseinheit mit der Leine. Wenn auch dies einwandfrei funktioniert, dann kommt in der nächsten Trainingseinheit der schwierigste Teil.

Nachdem Ihr Hund gelernt hat, dass er den Gegenstand in die Box legen muss, können Sie sich etwas von der Box entfernen.

Zunächst wiederholen Sie das Apportieren des Schuhs und der Leine noch mal einzeln. Danach werden beide Gegenstände – also der Schuh und die Leine – zum Apportieren abgelegt. Beginnen Sie mit dem Gegenstand, den Sie zuletzt trainiert haben. Auch hier rücken die Gegenstände bei jedem Durchgang näher zueinander hin.

Wenn Ihr Hund beide Gegenstände zuverlässig apportiert, kann diese Übung mit beliebig vielen Gegenständen ausgebaut werden. Achten Sie darauf, dass die Namen der Gegenstände deutlich voneinander zu unterscheiden sind. Es kann gut mehrere Wochen dauern, bis Ihr Hund die Gegenstände wirklich auseinanderhalten kann, denn Hunde achten mehr auf die Körpersprache und Gerüche als auf gesagte Worte. So kann es schnell passieren, dass er motiviert zu den Gegenständen läuft, dort angekommen, steigt ihm der Duft eines interessanten Gegenstandes in die Nase, und schon ist Ihr gesagtes Wort vergessen. Aber beim Hunde-IQ-Training geht es ja nicht darum, etwas besonders schnell zu lernen, sondern dass der Hund bewusst und sicher versteht, wie die Übung geht – und das braucht manchmal einfach etwas Zeit.

Bei dem Training mit meinem Border Collie Spicy ist mir aufgefallen, dass sie die Gegenstände sehr gut auseinanderhalten kann, wenn ich diese während einer Trainingseinheit am selben Ort platziere und mindestens einen Meter auseinanderlege. Spicy achtet sehr genau auf meine Körpersprache und arbeitet sehr schnell, sodass sie sich nicht genug Zeit lässt, um den richtigen Gegenstand zu finden. Mein Labrador Elisha hingegen holt den richtigen Gegenstand, egal wo und wie dicht zu anderen Objekten ich diesen platziert habe. Zu bedenken ist auch, dass sich viele Hunde eher an dem Geruch als an der Optik orientieren.

Das Unterscheiden von bestimmten Gegenständen braucht sehr viel Geduld, besonders dann, wenn Ihr Hund nicht einfach nur den Lieblingsball apportieren soll.

Die Nasen-arbeit

Steckt auch in Ihrem Hund ein Sherlock Holmes, ist er eine richtige Spürnase? Finden Sie es heraus! Hunde haben eine erstaunlich gute Nasenleistung, die wir gezielt bei einigen Hunde-IQ-Übungen nutzen können.

Eine Spur aufnehmen

Immer wieder sind wir erstaunt, woher der Hund weiß, wo er etwas Essbares finden und wie er zielstrebig Spuren verfolgen kann. Mit etwa 220 Millionen Riechzellen ist es unseren Hunden möglich, kleinste Mengen an Duftstoffen aufzunehmen, die uns Menschen verborgen bleiben.

Stellen Sie sich vor, jedes Lebewesen trägt einen Farbtopf auf dem Rücken, der permanent tropft. Nun hat jeder seine eigene Farbe, die Spur des einen Menschen verblasst erst, wenn viele andere ihre Spur darübergezogen haben. So hat der Hund ein riesengroßes Farbbeziehungsweise Geruchsnetz. Bei der Nasenarbeit kommt es in erster Linie darauf an, dass Ihr Hund lernt, einer Spur zu folgen, die Sie vorgeben, und dass er sich nicht von den zahlreichen anderen Spuren ablenken lässt. Sie können Ihrem Hund z.B. beibringen, den verlorenen Schlüssel zu suchen, Teebeuteldüfte zu unterscheiden oder auch eine Pilzsorte im Wald zu erschnüffeln.

Kürzlich habe ich bei dem Abendspaziergang meinen Schlüsselbund auf einer Wiese verloren. Der Verlust fiel mir erst bei der Ankunft am Auto auf, deshalb hatte ich keine Ahnung, wo ich den Schlüssel suchen sollte. Elisha, mein Labrador, hatte bereits gelernt, Gegenstände von mir zu suchen. So habe ich sie mit dem Kommando »Such den Schlüssel!« in die Dunkelheit geschickt. Sie senkte die Nase zu Boden und lief zielstrebig los. Es vergingen keine zwei Minuten, da stand Elisha wedelnd mit meinem Schlüsselbund im Maul vor mir. Ohne meinen Hund hätte ich wohl mehrere Stunden damit verbracht, den Schlüssel mit dem bloßen Auge zu entdecken. Für Elisha schien es eine Leichtigkeit zu sein, den Geruch meiner Fußspur aufzunehmen, die sie zum Schlüssel führte.

Passiert es Ihnen auch ab und zu, dass Sie den Schlüssel verlegen? In Zukunft kann Ihr Hund dabei helfen, Ihre verlorenen Gegenstände wiederzufinden.

Futter- und Geruchsspiele

Vor allem draußen in der Natur können Sie die gute Nasenleistung des Hundes zum Einsatz kommen lassen, indem Sie für Ihren Hund Spuren legen oder ihn nach einem Gegenstand stöbern lassen. Bei der Nasenarbeit können Sie diverse Gerüche einsetzen, z.B. Futter oder das Spielzeug des Hundes. Weiterhin können auch Gegenstände wie der Schlüssel oder Kleidungsstücke mit Namen benannt werden, die der Hund suchen darf. Eine andere Möglichkeit ist die Arbeit mit bestimmten Düften wie Trüffelöl oder Früchtetee.

Es gibt zahlreiche verschiedene Suchspiele, die Sie mit Ihrem Hund machen können, für den Einstieg würde ich Ihnen empfehlen, erst einmal zu schauen, wie geschickt sich Ihr Hund beim Futtersuchen anstellt.

Leckerchen auf der Wiese suchen

Bei diesem Training lernt der Hund, auf Kommando seine Nase zu senken und zu suchen. Ein gute Übung, um das Suchen auf Signal aufzubauen, ist der Einsatz einer Pfeife, während der Hund Futter sucht. Sie können jedoch auch ein Wortsignal wie »Such!« verwenden.

Aufbau

Setzen Sie Ihren Hund ab und legen Sie einige Meter entfernt drei Leckerchen auf die Wiese. Nachdem Sie zu Ihrem Hund zurückgegangen sind, schicken Sie ihn los. Kurz bevor er dann bei den Leckerchen angekommen ist, ertönt der Suchenpfiff. Der Pfiff sollte sich etwa wie ein Wellenton anhören. Im Prinzip können Sie aber selbst entscheiden, welchen Ton Sie wählen. Sobald Ihr Hund fündig geworden ist, stoppen Sie das Pfeifsignal und rufen Ihren Hund zurück. Diese Übung dient dazu, Ihrem Hund beizubringen, an der Stelle zu suchen, wo Ihr Pfeifton zu hören ist. Diese Übung kann auch mit dem Suchen eines Dummys verbunden werden. Anstatt die Futterbrocken lernt Ihr Hund das Dummy zu suchen, sobald der Pfiff ertönt.

Der Futterbaum

Eine weitere Möglichkeit zur mentalen Stimulation ist der Futterbaum. Hierzu wird Futter, oder auch kleine Pocket-

Die Nasenarbeit ist eine der natürlichsten Beschäftigungen, die wir unserem Hund bieten können.

dummys, an die Äste eines Baumes gehängt. Bei dieser Übung lernt Ihr Hund, das Futter nicht nur am Boden zu suchen, sondern auch mal die höheren Regionen mit einzubeziehen. Sie werden bei der Beschreibung des Übungsaufbaus sehen, dass sich dieses Training ebenfalls gut eignet, um das Sitzenbleiben weiter zu festigen.

Aufbau

Setzen Sie Ihren Hund etwa zwei Meter vor dem Baum ab, nun gehen Sie von ihm weg und hängen für ihn sichtbar ein Leckerchen in den Baum. Sollte Ihr Hund aufstehen, während Sie diese Übung vorbereiten, drehen Sie sich sofort um, stoppen ihn und setzen ihn an seine Position zurück. Wenn Ihr Hund ruhig gewartet hat, können Sie ihn nun mit dem Wortsignal »Such!« zu dem Baum schicken und ihn selbstständig arbeiten lassen. Lassen Sie Ihrem Hund Zeit, auf die Lösung zu kommen. Später können Sie mehrere Futterbrocken in dem Baum aufhängen, so lernt Ihr Hund zum einen, geduldig zu warten, und zum anderen, ausdauernd zu suchen.

Gerüche unterscheiden

Sie können Ihrem Hund beibringen, Gerüche zu unterscheiden und anzuzeigen. Bei dieser Übung wird ein Teebeutel mit Waldbeerengeruch verwendet, der sich in

Der Futterbaum bietet eine ganz besondere Abwechslung. Wie lange braucht Ihr Hund, um seine Nase vom Boden zu heben?

einer Dose mit Luftlöchern befindet. Sie könnten auch andere Gegenstände wie Tücher oder Hölzer mit Öltropfen markieren.

Aufbau

Zunächst zeigen Sie Ihrem Hund den Geruch, den er später anzeigen soll, z. B. Waldbeere. Der Hund darf an dem Teebeutel schnuppern und erhält dafür das Markerwort. Das Futter geben Sie ihm wie gewohnt aus der Hand. Dann legen Sie den Teebeutel in die Geruchsdose. Warten Sie ab, bis Ihr Hund an der Dose schnuppert, und bestätigen Sie ihn dafür. Nachdem Sie dies einige Male gemacht haben, stellen Sie die Dose in ein paar Meter Entfernung auf den Boden. Schicken Sie Ihren Hund mit einem Wortsignal wie z. B. »Such Beere!« zu seinem Ziel. Wenn er direkt zu der duftenden Dose läuft, können Sie damit beginnen, die Dose zu verstecken, sodass Ihr Hund den Teeduft suchen muss. Sofern er die Dose gefunden hat und daran schnuppert, erfolgt die Bestätigung.

Klappt das schon richtig gut, geht es weiter mit dem nächsten Schritt der Übung, bei dem Ihr Hund lernt, ein bestimmtes Verhalten zu zeigen, sobald er den Duft gefunden hat. Das Anzeigesignal könnte z. B. »Sitz«, »Platz«, Verbeugen oder auch Bellen sein. Zunächst nehmen Sie die Dose mit dem Teeduft wieder in die Hand. Wenn Ihr

Zuerst lernt Ihr Hund den Duft kennen, den er später anzeigen soll. Achten Sie darauf, ob Ihr Hund gerne an dem gewählten Duft schnuppert, denn es gibt Gerüche, die Hunde eher meiden als suchen.

Entfernen Sie die Dose mit dem Duft nur wenige Meter von Ihrem Hund, damit er sofort zum Erfolg kommt, sobald er beginnt, den bekannten Geruch aufzuspüren.

Wenn Ihr Hund zielstrebig zu der Dose mit dem Duft läuft, ist es an der Zeit, ihm das Anzeigesignal beizubringen.

Um zu testen, ob Ihr Hund das Anzeigesignal tatsächlich mit dem Duft verknüpft hat, können Sie zusätzlich mehrere leere Dosen aufstellen.

Hund daran schnuppert, erhält er ein Lobwort und ein ihm gut bekanntes Wortsignal wie »Platz«. Sobald sich der Hund hinlegt, erfolgt das Markerwort. Gehen Sie danach auf Ihren Hund zu, um ihm sein Leckerchen zu geben. Dieser Übungsablauf wird einige Male wiederholt. Wenn sich Ihr Hund nach dem Schnuppern sofort hinlegt, wird das Wortsignal »Platz« abgebaut. Nun lassen Sie ihn wieder an dem Duft riechen, Sie geben jedoch kein Kommando und warten ab, bis sich Ihr Hund von selbst hinlegt. Sobald dieser Übungsschritt absolviert ist, wird die Dose wieder in einiger Entfernung auf den Boden gestellt. Ihr Hund bekommt nun wieder das Signal »Such Beere!«. Anfangs wird das Signal zum Hinlegen noch gegeben, wenn der Hund den Duft aufgespürt hat.

Legt sich Ihr Hund zuverlässig vor die Dose mit dem Teeduft hin, erfolgt der nächste Schritt. Jetzt geht es darum, ihm beizubringen, dass es wirklich nur um den Duft geht und nicht um die Dose an sich. Hierzu wird eine weitere Dose ohne Duft auf den Boden gestellt. Schicken Sie Ihren Hund wie gewohnt zum Suchen. Sobald er vor der richtigen Dose steht, erfolgt ein Lobwort, das Markerwort geben Sie dann erst nach dem Anzeigesignal, also wenn er »Platz« macht. Legt sich der Hund vor die falsche Dose, bekommt er keine Belohnung, wird jedoch aufgemuntert an der anderen Dose zu schnuppern. Dieser Ablauf wird so lange trainiert, bis der Hund sicher den richtigen Duft anzeigt.

Anschließend können beliebig viele Dosen aufgestellt und die Übung wiederholt werden. Eine weitere Möglichkeit, den Schwierigkeitsgrad zu steigern, ist, die anderen Dosen mit unbekannten Teebeutel-Gerüchen zu füllen oder anstelle der Teedose Tücher auszulegen, die nach dem Früchtetee riechen.

Die Übung »Gerüche unterscheiden« kann mit dem Training »Gegenstände unterscheiden« verbunden werden. So lernt Ihr Hund, Düften einen Namen zuzuordnen.

Spurensuche – Futterschleppe

Die Nasenarbeit kann in verschiedene Richtungen ausgebaut werden. Aufbauend auf die Übung, das Leckerchen oder Spielzeug suchen zu lassen, kann mit der Spurensuche begonnen werden. Hierbei ist es möglich, eine Futterschleppe für den Hund auszulegen oder Ihre eigene Fußspur absuchen zu lassen. Am Ende der Strecke findet der Hund dann sein Futter oder Spielzeug als Belohnung.

Bei den ersten Spuren darf Ihr Hund noch zuschauen, wie die Spur gelegt wird. Bei weiteren Trainingseinheiten wird die Spur außerhalb seiner Sichtweite gelegt.

Beginn der Spurensuche

Zunächst machen Sie Ihren Hund mit dem Gegenstand, den Sie als Schleppe verwenden, vertraut. Lassen Sie Ihn daran schnuppern, bevor die Spur gelegt wird. Für die Schleppe könnten Sie auch ein Futterdummy verwenden, in dem sich etwas Käse als Belohnung befindet. Das Futterdummy wird an einer Leine befestigt, um dieses hinter sich herzuziehen.

Loben Sie Ihren Hund ausgiebig, wenn er das Ende der Spur erreicht hat, und geben Sie ihm seine verdiente Belohnung.

Am Anfang ist es hilfreich, mit einer zweiten Person zu arbeiten, damit Sie und Ihr Hund zuschauen können, wie die Spur gelegt wird. Kurz bevor das Dummy am Ende der Spur abgelegt wird, lenken Sie Ihren Hund etwas ab, sodass er nicht direkt sieht, wo sich das Futterdummy befindet. Nun zeigen Sie auf den Ort, an dem die Futterschleppe begonnen wurde, und schicken Ihren angeleinten Hund mit einem Wortsignal, wie z. B. »Spur«, auf die Spurensuche. Lassen Sie ihn selbstständig arbeiten. Solange Ihr Hund sucht, ist es ratsam, still hinter ihm herzulaufen, jedes weitere Wort würde ihn ablenken.

Oft sind wir der Meinung, dass der Hund nicht richtig auf der Spur suche. Dabei ist zu beachten, dass es auch

Hunde gibt, die mit hoher Nase suchen, und der Duft der Spur durch Witterungsbedingungen auch etwas verschoben sein kann.

Wenn Ihr Hund die Spur absucht und sicher zum Ziel gelangt, loben Sie ihn wieder mit dem Markerwort und geben Ihm eine Belohnung. Dies kann auch ein Spiel mit dem gefundenen Gegenstand sein. Ist Ihr Hund der Spur direkt gefolgt, können Sie zum nächsten Schritt übergehen. (Ansonsten üben Sie weiter am ersten Teil der Übung.)

Ziehen Sie nun das Futterdummy an einem anderen Ort nur für etwa zwei Drittel der abzusuchenden Strecke hinter sich her, danach nehmen Sie dieses auf und gehen noch ein paar Schritte weiter. So lernt Ihr Hund langsam, auch die Fußspur anzunehmen. Nun lassen Sie ihn wieder wie bei den ersten Übungsschritten suchen. Wenn Ihr Hund auch diese Aufgabe meistert und die Suche zum Dummy auch ohne direkte Duftspur gut funktioniert, gehen Sie zum nächsten Schritt über: Ziehen Sie das Futterdummy nur noch wenige Schritte und tragen es dann an den gewünschten Endpunkt. Üben Sie wieder nach dem bekannten Schema. Schon bald wird Ihr Hund lernen, dass er auf Ihr Signal einer angezeigten Fußspur folgen muss, um einen Gegenstand zu finden, wie z.B. den verlorenen Schlüssel, die Leine, oder sein Spielzeug.

Wenn Sie die Übung auf einem ebenen Untergrund, wie der gemähten Wiese, geübt haben, können Sie mit Ihrem Hund auch im Wald trainieren. Zunächst lassen Sie ihn wieder zuschauen, wie Sie das Futterdummy in den Wald bringen. Bei der ersten Suche in einem Wald reicht es aus, wenn Sie das Dummy für Ihren Hund sichtbar

Im Wald oder auf verschiedenen Untergründen wird die Spurensuche erschwert. Sobald das Gelände anspruchsvoller wird, sollte die Spur zunächst wieder etwas kürzer gelegt werden.

auf den Waldboden legen. Wenn er Ihrer Fußspur folgt und sich nicht von anderen Gerüchen ablenken lässt, kann die Schwierigkeit etwas erhöht werden, z. B. dadurch, dass Sie das Dummy hinter einer Wurzel oder etwas Laub verstecken.

Sofern Ihr Hund auch dort zielstrebig die Spur absucht und das Dummy zurückbringt, ist es an der Zeit, die Spuren zu legen, während Ihr Hund nicht zuschaut, sodass er sich wirklich auf die Spur und seine Nasenleistung verlassen muss, anstatt ohne den Einsatz der Nase loszulaufen. Mit der Zeit können die Strecken länger werden, und auch Winkel und Kurven können die Anforderungen etwas steigern.

Auch bei der freien Suche darf Ihr Hund zu Beginn der Übung zuschauen, wie Sie mehrere Dummys in einem Suchgebiet verteilen.

Freie Suche

Neben der Spurensuche ist die freie Suche, das sogenannte Stöbern, eine Möglichkeit, um die Nasenleistung des Hundes zu trainieren. Bei dieser Aufgabe sucht Ihr Hund im Gegensatz zur Spurensuche ohne Leine.

Aufbau

Wählen Sie einen Bereich im Wald, der sich etwas von der Umgebung abhebt. Auch das Suchen im Gestrüpp oder Schilf wäre eine Möglichkeit. Nun setzen Sie Ihren Hund ab und verteilen in dem Suchgebiet mehrere Dummys oder andere Spielzeuge.

Achten Sie auf Ihren Hund und rufen Sie ihn zurück, sobald er ein Dummy gefunden hat, damit er nicht noch weiter sucht und das Dummy tauscht.

Anschließend gehen Sie zu Ihrem Hund zurück und schicken ihn mit dem Wortsignal »Such frei!« in das Gebiet, um das erste Dummy zu apportieren. Wenn Sie merken, dass Ihr Hund schon nach dem dritten Apport zögerlich in das Suchgebiet läuft, gehen Sie, nachdem er wieder mit einem Dummy zurückgekommen ist, gemeinsam los, um die restlichen Dummys zu suchen. Machen Sie es zur Gewohnheit, das letzte

Dummy gemeinsam herauszuholen. So vermindern Sie das Risiko, dass Ihr Hund erfolglos sucht. Geschieht es öfter, dass Ihr Hund kein Dummy findet, kann es nämlich passieren, dass er das Vertrauen verliert und die Suche zu früh abbricht.

Achten Sie darauf, dass die Dummys weit genug auseinanderliegen, damit Ihr Hund nicht zu sehr zum Tauschen verleitet wird. Sobald er ein Dummy im Maul hat, könnten Sie ihn zurückrufen, damit er schnell zu Ihnen kommt, ohne weitere Dummys zu suchen.

Das Einweisen

Das Einweisen des Hundes in bestimmte Richtungen ist Ihnen aus verschiedenen Bereichen des Hundesports, wie Obedience oder Retrievertraining, vielleicht schon bekannt. Es geht darum, den Hund in eine bestimmte Richtung zu schicken, um ihn dann z.B. ein Dummy apportieren zu lassen. Diese Übung erfordert viel Konzentration und Ruhe. Besonders wichtig dabei ist Ihre eigene Körperhaltung. Ihr Hund muss genau erkennen können, in welche Richtung Sie ihn schicken möchten. Anschließend muss Ihr Hund lernen, Ihnen zu vertrauen, so lange voran zu laufen, bis Sie ihm ein anderes Signal, wie z.B. »Suchen«, geben, um das ausgelegte Dummy letztendlich zu finden.

Aufbau

Zum Einstieg in die Übung ist ein Orientierungspunkt sehr hilfreich, z.B. ein Baum, vor dem das Dummy ausgelegt ist. Weiterhin kann das Geradeauslaufen auch noch durch natürliche Leitlinien wie gerade Wege oder deutliche Linien auf den Wiesen vereinfacht werden.

Um Ihren Hund genau einzuweisen, müssen Sie die Hand ganz ruhig halten. Das Kommando »Voran« erfolgt erst, wenn Ihr Hund in die Richtung schaut, in die auch Ihre Hand zeigt.

Zu Beginn der Übung gehen Sie mit Ihrem Hund zu dem Zielort, um dort ein Dummy abzulegen. Nehmen Sie Ihren Hund wieder mit zurück und stellen Sie sich mit ihm in die Grundposition in Richtung des Dummys. Die Entfernung sollte zunächst nur etwa drei Meter betragen. Nach einigen Trainingseinheiten kann die Distanz fast beliebig weit ausgebaut werden. Gut trainierte Hunde können auch 300 Meter überwinden, bis Sie das Dummy erreichen. Das Ziel der Übung ist, dass Ihr Hund auch geradeaus läuft, wenn er nicht weiß, ob dort ein Dummy liegt.

Sie stehen also in der Grundposition neben Ihrem Hund. Zeigen Sie nun mit ruhiger Hand nach vorne auf das Ziel, wo Sie das Dummy abgelegt haben. Konzentrieren Sie sich auf das Dummy und warten Sie einen Moment, bis Ihr Hund ebenfalls darauf konzentriert ist. Nun schicken Sie ihn mit dem Wortsignal »Voran« nach vorne. Wenn Ihr Hund kurz vor dem Dummy ist, können Sie einen Suchenpfiff geben, bis er dieses gefunden hat.

Beim nächsten Übungsschritt nehmen Sie Ihren Hund nicht mehr mit zum Ablegen des Dummys, sondern lassen ihn warten und zusehen, was Sie tun. Gehen Sie geradeaus in Richtung des Orientierungspunktes und legen Sie das Dummy dort ab. Knien Sie sich ruhig nieder, um das Dummy abzulegen und um die Stelle für Ihren Hund interessant zu machen. Nun gehen Sie in aller Ruhe zu ihm zurück und loben ihn für das Warten. Geben Sie nun wieder das Signal »Voran«. Wenn er zügig losläuft und das Dummy zurückbringt, kann die Distanz vergrößert werden. Eine weitere Steigerung der Übung ist, dass Sie mehrere Dummys auslegen und Ihr Hund lernt, Ihnen zu vertrauen, dass dort Dummys liegen.

Geben Sie den Suchenpfiff, wenn sich Ihr Hund im Umkreis von ein bis zwei Metern um das Dummy herum befindet.

Talente gezielt fördern

Im Folgenden erhalten Sie einen Überblick über die Hundesportarten, die sich anbieten, wenn Sie mit Ihrem Hund einen bestimmten Bereich vom Hunde-IQ-Training vertiefen möchten.

Von Obedience bis Nasenarbeit

Wenn Sie am letzten Kapitel des Buches angekommen sind, haben Sie sicher schon die ein oder andere Übung ausprobiert und festgestellt, ob Ihr Hund ein Allrounder ist und an jedem Trainingsbereich Freude hat oder ob er vielleicht lieber Tricks lernt als Gegenstände zu apportieren. Wenn er beim Tricktraining, Apportieren oder der Nasenarbeit ganz besonders talentiert ist, gibt es verschiedene Möglichkeiten, diese Bereiche weiter zu fördern.

Obedience

Sofern Ihr Hund bereits ein Perfektionist in den Basiskommandos ist und auch Sie Freude daran haben, die Erziehung als Sportart weiter auszuüben, eignet sich das Obediencetraining hervorragend für Sie. Obedience wird auch als »Hohe Schule« der Erziehung bezeichnet. Es ist eine Hundesportart, bei der es besonders auf harmonische, schnelle und exakte Ausführung der Übungen

Auch das Training der Grundkommandos können Sie interessant gestalten. Besonders beim Obedience geht es um Erziehung auf hohem Niveau.

ankommt. Eine Grundvoraussetzung ist, dass Sie und Ihr Hund ein eingespieltes Team sind. Bei Obedience geht es nicht nur um den Gehorsam Ihres Hundes. Es spielt auch seine Sozialverträglichkeit mit anderen Menschen und Artgenossen eine wichtige Rolle.

Dogdance

Das Training einzelner Tricks bringt Abwechslung in die Hundeerziehung und steigert den Niedlichkeitsfaktor Ihres Hundes. Wenn Sie und Ihr Hund sich dafür begeistern können, die gelernten Kunststückchen miteinander zu verbinden, ist Dogdance die ideale Freizeitbeschäftigung für Sie. Dogdance stammt von Obedience ab und basiert ebenfalls auf Gehorsam auf hohem Niveau. Beim Dogdance wird eine Kür mit Gehorsamkeitselementen und Kunststückchen zur Musik einstudiert. Der Hund wird durch kleinste Körpersignale und verbale Kommandos gelenkt.

Apportiertraining

Das Interesse am Apportieren kann je nach Hund sehr stark variieren. Während für das Tricktraining fast jeder Hund zu motivieren ist, braucht es beim Apportieren eine höhere Grundmotivation vom Hund. Wenn Ihr Hund zu denen gehört, die gerne etwas im Maul tragen, dann bietet es sich an, das Apportiertraining zu vertiefen. Das Apportiertraining oder auch Dummytraining ist nämlich nicht nur für Retriever geeignet, sondern auch eine optimale Beschäftigung für alle anderen apportierfreudigen Hunde. Ursprünglich wurden die Retriever dafür gezüchtet, Flug- und Niederwild zu apportieren. Dummy-

Kreative Hunde, die beim Tricktraining ihre schlauste Seite gezeigt haben, machen sicher auch beim Dogdance eine gute Figur.

Die Profis unter den apportierfreudigen Hunden können beim Dummytraining artgerecht ausgelastet werden.

Das abwechslungsreiche Hunde-IQ-Training fördert nicht nur die Intelligenz, sondern auch die Freude an der Zusammenarbeit.

training ersetzte die Aufgaben eines Retrievers während der jagdfreien Saison. Auch die heutigen Familienhunde tragen diesen Instinkt in sich und können ihn bei der Dummyarbeit ausleben.

Ihr Hund lernt dabei weitaus mehr, als nur einen Gegenstand zu tragen und abzugeben. Bereiche wie Einweisen, Freiverlorensuche und Markierung sind die Hauptbereiche der Dummyarbeit. Bei diesem abwechslungsreichen Apportiertraining wird Ihr Hund zum Profi, wenn es darum geht, Basiskommandos auf hohem Niveau auszuführen.

Hundefrisbee

Die sportliche Variante des Apportiertrainings ist Hundefrisbee. Diese Sportart erfordert gutes Teamwork und bringt Sie und Ihren Hund körperlich und geistig auf Trab. In der einfachsten Variante wirft der Mensch einen Frisbee und der Hund bringt dieses zurück. Durch unterschiedliche Varianten und das Einüben verschiedener Tricks kann der Sport individuell oder auf Turnierebene betrieben werden. Auch die Übungen aus dem Bereich Tricktraining sind ein Bestandteil vom Hundefrisbee.

Nasenarbeit

Ursprünglich kam die gute Nasenleistung des Hundes bei der Jagd zum Einsatz. Auch die heutigen Familienhunde sind super Spürnasen. Nachdem Sie Ihren Hund mit den ersten Übungen der Nasenarbeit aus diesem Buch vertraut gemacht haben, besteht die Möglichkeit, verschiedene Trainingsbereiche mit ihm zu vertiefen. Spurensuche, Freiverlorensuche, Mantrailing und Sanitätsdienst sind nur einige Bereiche, in denen die hervorragende Nasenleistung Ihres Hundes gefordert ist.

Ein paar Worte zum Schluss

Mit den vorgestellten Übungen in diesem Buch haben Sie schon ein umfassendes Wissen über das strukturierte Hundetraining erhalten und sicher eine abwechslungsreiche Beschäftigung für Ihren Hund gefunden. Nachdem Ihr Hund gezeigt hat, bei welchen Aufgaben er ganz besonders gerne sein kluges Köpfchen einsetzt, haben Sie noch viele Möglichkeiten, das Hunde-IQ-Training weiter auszubauen. Zudem können Sie mit Ihrem Hund auch in eine spezielle Hundesportart einsteigen. Dies schließt natürlich nicht aus, dass Sie das Training weiterhin abwechslungsreich mit unterschiedlichen Übungen aus dem Hunde-IQ-Training kombinieren können – egal für welches Training Sie sich entscheiden. Denken Sie daran, dass es Ihrem Hund und Ihnen gefällt.

Ich wünsche Ihnen und Ihrem Hund viel Freude bei dem gemeinsamen Training.

Stichwortverzeichnis

Weiterführende Literatur

von der Leyen, Katharina: Charakterhunde: 140 Rassen und ihre Eigenschaften. BLV Verlag, 2011

von der Leyen, Katharina: Partnerhunde: So finden Sie den Hund, der zu Ihnen passt. BLV Verlag, 2010

Hesel, Lynn: Apportierspiele: Dummyarbeit Schritt für Schritt. Ulmer, 2009

Witfield, Sabine: Obedience: Erfolgreiche Prüfungsvorbereitung. Ulmer, 2012

Hause, Bodo u. Fieseler, Alfons: Nasenarbeit: Ausbildung und Einsatz von Spezial- und Suchhunden. Ulmer, 2009

Burow, Inka u. Nardelli, Denise: Dogdance: Erfolgreiches Training für Einsteiger und Fortgeschrittene. Cadmos Verlag, 2011

Internetadressen und DVDs

www.hundenatur.ch
Internetseite der Autorin Alexandra Taetz. Hier sind auch die Hunde-IQ-DVD sowie die Hundefrisbee-DVD erhältlich. Unter »Hunde IQ« finden Sie Informationen rund um das Thema Hunde-IQ sowie Termine für Seminare, Kurse und Vorführungen.

www.hundedvd.de
Hier können Sie die DVDs »Hunde IQ: der Intelligente Hund« und »Hundefrisbee: die moderne Freizeitbeschäftigung für Mensch und Hund« von Alexandra Taetz erwerben.

Über die Autorin

Meinen ersten Hund, einen Labrador, bekam ich vor 10 Jahren und seither beschäftige ich mich mit der Erziehung und der Verhaltensanalyse von Hunden.

Nach dem Studium der Tierpsychologie und dem Absolvieren diverser Praktika in Hundeschulen und bei Tierärzten arbeitete ich als Hundeschlittenführerin in Finnland. Momentan lebe ich in der Schweiz, leite eine eigene Hundeschule, gebe Seminare im In- und Ausland und zeige Hundefrisbee und Hunde-IQ-Übungen sowie Retrievertraining mit meinen Hunden auf diversen Veranstaltungen. Weiterhin bin ich als Fachautorin tätig. An meiner Seite begleiten mich ein Labrador Retriever, drei Border Collies, ein Golden Retriever und ein Dackel-Mischling.

Weitere Informationen zu meiner Arbeit und dem Unternehmen *Hundenatur* finden Sie auf der Internetseite www.hundenatur.ch

Impressum

Bibliografische Information der Deutschen Nationalbibliothek

Die Deutsche Nationalbibliothek verzeichnet diese Publikation in der Deutschen Nationalbibliografie; detaillierte bibliografische Daten sind im Internet über http://dnb.d-nb.de abrufbar.

BLV Buchverlag GmbH & Co. KG
80797 München

Umschlagkonzeption: Kochan & Partner, München
Umschlagfotos: Christine Steimer

Lektorat: Dr. Friedrich Kögel, Christina Rothe
Herstellung: Ruth Bost
Layoutkonzept Innenteil: Kochan & Partner, München
DTP: Satz+Layout Fruth GmbH, München

Gedruckt auf chlorfrei gebleichtem Papier

Printed in Italy
ISBN 978-3-8354-0913-2

Hinweis
Das vorliegende Buch wurde sorgfältig erarbeitet. Dennoch erfolgen alle Angaben ohne Gewähr. Weder Autorin noch Verlag können für eventuelle Nachteile oder Schäden, die aus den im Buch vorgestellten Informationen resultieren, eine Haftung übernehmen.